U0359085

地方災異資料叢刊

第二編

10

于春媚　賈貴榮　編

國家圖書館出版社

第十册目録

（清）畢炳炎、胡建樞修　（清）趙翰鑾、李承先纂

【光緒】鄆城縣志

清光緒十九年（1893）刻本

災祥志

鄆城縣志 八

昔班固作五行志原本洪範休咎之意徵實於春秋以來明天人相感應捷若影響所以警後世君子有牧民之責者意深遠矣雖天道遠人道邇議者譏其太鑿要其用意未可厚非也夫一邑之地大不過百里一宰之任久不過數年其於感應之理實難言之然五行志不分門類俟筆紀列使閱者逐代稽考似覺簡便兹故仿其意而不襲其名作災祥志

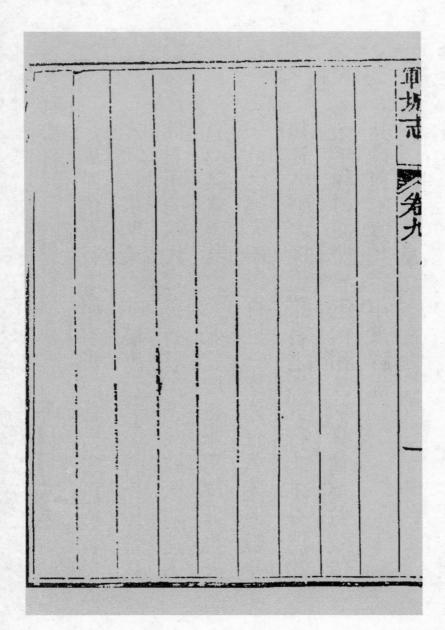

災祥

漢文帝時河決酸棗東潰金隄即廩邱坡北厓

武帝夏五月河決瓠子東南注鉅野通淮泗及鄆

宋孝武六年鄆境地震梁山摧者二

唐太和四年鄆大水壞城郭廬舍殆盡

開成五年夏螟蝗害稼

五代晉開運元年夏四月滑州河決浸汴曹單濮鄆

五州之境

宋太宗太平興國七年河大漲蹙清河淩鄆州城將

陷塞其門詔承旨劉吉馳往固之八年五月大決滑州韓村泛澶濮曹濟諸州壞民田廬東南流至彭城界入於淮

天禧三年六月滑州河溢歷澶濮曹鄆注梁山濼合清水古汴渠入於淮

仁宗天聖六年八月河決澶州之王楚埽明道二年徙朝城縣於杜婆村廢鄆州之王橋渡淄州之臨河鎮以避水

神宗熙寧十年七月河復溢衛州王供及汲縣上

下埽懷州黃沁滑州韓村乙丑遂大決於澶州
曹村澶淵北流斷絕河南徙東滙於梁山濼分
爲二派一會南清河入於淮一會北清河入於
海凡灌郡縣四十五而濮濟鄆徐尤甚

金大定六年五月河決陽武由鄆城東流滙入梁山
泊鄆城淪陷徙治盤溝村

大定二十九年八月河決陽武故道灌封邱而東
歷長垣蘭陽東明曹州濮州鄆城范縣諸州界
中至壽張注梁山濼分爲二派北派由北清河

入海南泒由南清河入海自北黃河南徙汲胙之流遂絕

元文帝二年三月鄆城等縣有蝗夜食桑葉匿土中

人莫能捕大爲蠶害

順帝元統四年六月鄆城等處大饑人相食

至正四年正月河決曹州僱夫築之是年五月大

雨二十餘日黃河暴溢水平地深二丈餘北決

白茅隄六月又決金隄並河郡邑濟寧單州

虞城碭山金鄉魚臺豐沛定陶楚邱成武以至

曹州東明鉅野鄆城嘉祥汶上任城等處皆罹

水患水勢北侵安山沿入會通運河延袤濟南

河間

至正二十六年二月河決東明曹濮濟寧皆水明

兵過鄆時鄆在水中

明洪武元年八月六日天鳴鄆眾疑爲鐘聲至寺詢

之乃知聲出於天

弘治六年春大旱鄆城等處饑民掘鼠爲食

正統十三年七月河決滎陽漫流山東濮州鄆城

同時淪陷知縣孫海避居梁山民皆四散遺黎

不過數百至景泰三年詔徙各處餘丁估荒幾
二十餘年乃得二千四百七十三人皆散處高
阜城中止存司馬坊半截與浮屠而已壬申僉
都御史徐有貞度地行水作九堰八閘鄆有齊
河三道皆湮迷照地勢疏之以泄水
嘉靖三十二年大饑人相食
三十四年臘月府境州縣同時地震
四十五年河決至鄆灌城壕而北
正德六年流賊劉六劉七齊彥名攻鄆城知縣李

公珩禦之（詳見禦寇碑）

萬歷十五年自春至六月不雨地皆赤

十六年春大饑人食樹皮草根

二十年夏秋霪雨傷禾平地溢水生魚

二十一年春大饑

三十一年霪雨壞民舍道路街市可通舟楫

四十三年自春至六月不雨大饑

泰昌元年十二月雨冰地上凝數寸大樹壓枝塡

塞道路

天啟二年聞香教匪徐鴻儒倡亂城陷訓導劉維賢死之其時以孝死者富均善城潰善負母逃賊趕殺善泣告曰願母生善死弗惜賊殺善而釋其母　劉永淸父子賊入城淸戀其母弗忍去被執子皇捍救父不允罵賊先殺皇捍後殺永淸　趙元介孝事孀母賊至猶侍湯藥恐母驚不忍去竟死之　以節死者生員劉名世妻李氏已旌表　宋興吾母陳氏并婦樊氏賊入城姑媳相對縊死　以義死者武舉王朝俊俊守西門衙役欲逃俊罵曰城危賴大家支持敢言去者吾先殺之及城潰殺賊力竭而亡　刁修翼賊攻翼姻親翼不忍自顧向賊泣救俱死　生員張堯年城潰年逃至城門遇婦女擁聚大聲曰此某親友家眷當讓某先出

道不及出而死僕人張明明為生員梁雲鴻僕城危泣以幼孫付明俄而賊勢洶湧或勸明領其妻子逃走明弗背至死猶拖其少主人以勇敢死者王賜偉賊圍城係據堞射之應弦輒倒拱潰賊拱殺之楊光秀賊據梁家樓秀奮勇從征手刃數賊亡於陣童生張元孝孝善騎射先從征殺賊城潰賊執之曰汝非傷吾某頭領者乎遂刃之以孝義死者快手高光遠闖賊警衙役紛紛然散遠颺聲曰無事倚官勢危都去有人心者所不忍為城破護官出城復入城尋母竟死之他如樊世統之胄死負母統為大司馬五世孫闖賊進城他不遑顧但負母闖門而走賊遇之獄曰孝子也釋之孫邦彥之捐軀護官賊據梁家樓邑令余公遣兵征之多乘隙逃遁彥獨奮力殺賊且捐銀五十兩助官賞兵城破彥拚

死護官妻子在所不顧雖身得瓦全而已委心溝壑矣若夫選貢王宣惠署丞戴爾濟監生戴大禮吏目梁敏生生員蘇逢期魏觀民倡時序梁時升梁雲鴻梁時泰王永亨劉補袞劉正袞王吉士陳請白郭應圻邊從訓梁雲鵬邊太然李士鯤皆殉於難其姓名顯可沒哉知縣佘公子翼潛赴軍門請兵得部司廖桂鼓勇殺賊賊遂遁

崇禎三年大旱

五年大水

六年除夜雷雨雷雹七里鋪地方有龍自樹中
出衆共見之良久方升
十一年春大旱井泉大竭且黃風時作飛沙徧
天
十二年蝗災至平地尺半許禾草樹葉一空大
饑人相食
十三年至十四年多大風腥臭之氣昏霾不辨
十四年大饑大疫白晝鬼物現形市肆斃物有
得錢成紙灰者有闔村病歿者是年城市村墟

徧生蒺藜人收其子爲食秋月地生穭麥次年四月即熟民賴以生　是年秋月一夕大風城上鎗尖皆火照人有影至夜半　是年城外皆盜夜夜焚刼名爲打差城頭四望遠近莊村火起者或七八處十餘處不等光焰如在目前有一村聚盜數千烏集其上盜聞兵至避之烏輒隨之數日殺盜盡烏乃羣食匄餘乃散

十五年十二月初六日早晨城內白氣瀰漫不辨咫尺次日五更乃解

十六年冬月每夕天西半盡赤日暈無光中隱
隱有黑丸如日肰相綴墮地
十七年三月十八日午天鼓鳴自北而南
國朝
順治十一年決金龍口支流至鄆灌城壕而北
十四年丁酉大雨平地出泉
康熙二年春大旱至六月乃雨奉　詔赦本年田
租之半
三年有慧星自南射來北長亘天

十四年六月府境州縣同時地震壞民廬舍

二十四年大水免鄆糧十分之三

二十五年二月二十七日黑風晝晦空中有光似火

四十二年大水民饑人相食秋大發帑金遣內臣分賑自九月起至來歲麥後止來鄆放賑者

一監察御史赫明德　一戶部員外舒祺

一哈哈番富泰　一兵部筆帖式倭世

一都察院筆帖式傅森　有碑記在東關外

四十三年奉
恩蠲免通省四十三四兩年錢糧鄆在其中四十
二年積欠並免徵
四十七年夏旱免田糧十分之三
四十八年河決黑羊山支流至五岔口旋平
五十二年奉
特恩蠲免通省錢糧鄆在其中
續
雍正三年春正月庚午日月合璧是年十二月曹

單黄河清

四年兖州東昌等處大水

乾隆元年丙辰大有年

二年有黑風從西南來晝晦

十年普免山東省錢糧

十二年曹州等府大饑奉　旨賑濟

十三年春饑普免山東地丁銀

十六年河決陽武十三堡大隄由封邱長垣荷

澤濮州范縣以趙張秋穿運道入大淸河歸海

陽武決口於本年十一月內搶築合龍

三十一年普免山東漕米

三十八年普免山東地丁銀

四十三年普免山東省錢糧

五十年大歉

五十一年春人相食

六十年元旦日食上元月食普免山東應徵漕
糧

嘉慶七年春日套三環

八年九月十八日黃水至鄆濰河漫溢

十五年正月二十日天鼓鳴

十六年正月初十日日套連環春多風大旱自去年七月初一日雨至是年五月十四日乃雨秋惟收黍稷槐開三次桃李再榮臘月麥苗枯

十七年壬申自二月二十三日雨雪至八月初一日始雨是年歲大荒盜賊蠭起鄉民逃散者十有八九

十八年癸酉正月二十五日日套三環三月三

日黑風大作約二時許是年春大饑麥秋歉收

十九年正月初五日黑風十五日酉時地震歲

大饑

二十年歲大有秋患瘧疾者十之九禾稼幾無

入收

二十四年十二月十九日夜雨草木掛冰樹多

墜折是年晉苑山東接年民欠正耗銀米

道光元年秋旱人受瘟疫

二年秋大水

三年夏大水

四年甲申四月朔五星聚奎

九年十二月二十三日丑時地震

十年又四月二十三日酉時地震如雷萬物搖動牆屋傾塌無數後或二日動或三日動至六月乃止

十二年夏辰大水

十五年三月二十七日午時大風雨雹傷麥六月初五日飛蝗至七月初六日天大雷電雨雹禾

盡傷曾免山東省十年以前積欠錢糧
十八年又四月蝗蝻至
十九年己亥正月二十五日雷電雨雪秋有年
二十年庚子麥秀雙歧六月大雨秋多瀉痢縮
筋之病死者無數
二十一年歲稔
二十三年正月初一日日食
三十年正月初一日日食三月十七日申時雷
電雨雹九月二十四日天鼓鳴城西孔家河涯

隕三星

咸豐三年三月初七日大雪初八日子時地震

四年二月十四日大雪髮匪竄入山東二十五日鄆城陷邑侯王公喧因公出其繼室李宜人死於難由是土匪蜂起闔邑倡辦團練以自衛

五年六月河決銅瓦廂水趨濮范支流由灉河侵鄆灉之五岔口決由廩邱陂東趨繞城自城東北入濟河

六年元旦日食初三日大風日中有黑丸夏旱

七月蝗蝻生
七年夏旱六月飛蝗蔽日七月蝗生是年巡撫
崇公恩允邑紳季錫魯等之請堵塞五岔口郯
境水涸而上流之銅民箱決口未塞水復泛入
郯境灘河瀼成巨浸
八年八月閒彗星見皖匪張落刑糾竄入山東
練總趙康侯王廼常等率鄉勇迎戰於鉅野南
境之獨山集王廼常等死之
九年二月初八日亥時地震十月初八日辰時

雷鳴十二月二十七日夜大雪
十年二月初一日大風霾九月十三日皖匪自
汶上北竄及運河突折而南鄆城再陷知縣何
公允安訓導張公書紳城汛千總郭公殿英皆
殉於難十一月賊自鄆竄范邑民避水中者受
害尤慘越十餘日賊去十二月十五日皖匪至
距境鄆邑驚動二十三日大雪深數尺避亂者
皆踏雪而行元旦不敢歸
十一年二月初五日皖匪擾鄆曹州會匪乘間

禍發合郡騷動城淪爲賊藪凡八閱月城內無官賊自是來去無常所過焚掠一空鄉間堅壁淸野以自固村莊之大者獨築一圩小者數村共築一圩賊至則晝夜登陴以守賊去則乘隙以理農業僧忠親王屢以大兵擊敗之搜捕匪黨毀其巢穴亂始熄五月二十五日彗星見

同治元年七月十五日彗星見

三年十一月初四五日大雪是年雨亦多

四年正月十三日酉時天大雷電雨雪

六年以前民欠概予豁免

七年三月十四日雨膿落地變爲赤寛二亘許

是年北趙濮范之大溜旋折而東決灉河之紅船口復由廪邱陂東趨繞城灌入濟河鄆西盡水

八年春旱夏飛蝗食禾幾盡忽逢大雨而苗復甦竟成有年

九年冬牛受瘟疫死者甚衆

十年八月初旬沮河東岸之侯家林決口鄆東

被水者約十之八牛後病死者過半
十一年正月初六日巡撫丁中丞堵築侯家林決口三月初九日合龍是年築護城隄巡撫於民堰節省項下撥銀一千二百兩並賞發稭料繫麻八月初七大溜直衝城垣自城之西北隅灌入城中水深丈餘居民皆奔趨護城隄以避水官署民舍坍塌殆盡死者二十六人冬牛病如前
十二年四月初四日酉時大風雨雹六月二十

四日河決東明境賈家庄大溜東流達濟波及
鄆之南境
十三年春旱四月十八日雨雹六月二十日彗
星見是年夏秋多雨平地有水牛夜病
光緒元年元旦大風霾三月十四日賈庄合龍自
賈庄至下遊十里鋪築隄二百餘里安營守汛
城中之水始涸官民漸次來歸
二年春夏旱牛病更甚退水淤地民種晚豆有
飛蝗雲集食草殆盡草盡而豆得收平原高阜

收皆歉
三年春米價昂貴每斤制錢四十二支民有饑
色夏秋大旱五穀歉收
七年九月二十一日酉時黑風草木有火光
八年秋八月有星似白練一道下窄上濶至九
月乃滅
九年秋大水
十三年春麥有蟲歉收
十四年春三月結霜麥多不實五月初四日地

雹秋大水歲歉九月九日戌時風雨雷電

十五年春饑糧米價昂幸榆葉可食人賴以生

至夏秋大有年

十六年自五月初八日至六月初八日每日大

雨秋多瘟疫九月十五日邑東北雷電雨雹

（清）陳嗣良修　（清）孟廣來、賈迺延纂

【光緒】曹縣志

清光緒十年（1884）刻本

雜稽志　災祥　兵燹　謠讖　鑒戒

小雅紀異春秋書災占驗雖幻至人勰勰天道匪遠治亂互推善敗之故身世還來豈弟君子求福不回

災祥

商太戊元年甲申亳有祥桑穀共生於朝七日大拱

周莊王十四年魯莊公十有一年秋宋大水

漢宣帝本始七年濟陽地裂五丈

地節四年乙卯夏五月濟陰雨雹大如雞子深二尺五寸傷二十餘人蜚鳥皆死

哀帝建平元年乙卯嘉禾生於濟陽一莖九穗是歲十二
月甲子光武生於濟陽縣舍赤光滿室
東漢桓帝元嘉元年辛卯冬十有一月五色大鳥見於濟
陰巳氏縣時以爲鳳凰凡五色大鳥似鳳者皆羽蟲
之孽
靈帝中平元年甲子夏濟陰濟陽宛句離狐縣界有草生
其莖靡累腫大似鳩鵲龍蛇鳥獸狀毛羽頭目足翅
皆具草妖也
晉武帝太康二年辛丑雨雹傷禾稼
梁武帝天監十一年壬辰野蠶成繭

隋文帝開皇十一年辛亥濟陰大水居民沈溺
十五年乙卯濟陰大水民饑文帝命蘇威等分道賑濟
唐太宗貞觀三年己亥三月歲星逆行入氐
中宗景隆元年戊辰五月己巳大雨雹
二年庚午三月大風拔木
憲宗元和五年庚寅螟蝗害稼
昭宗景福二年癸丑二月辛巳大雪平地五尺餘
後漢高祖乾祐元年丁未蟓生尋爲鸜鵒食殆盡
宋太宗太平興國二年丁丑夏六月大風壞濟陰縣廨舍
及軍營

八年癸未夏五月河決曹濟壞民田廬

眞宗咸平二年己亥夏秋大旱

大中祥符九年丙辰曹雄勇軍卒聶瀛妻一產三男

高宗紹興三十一年河決曹單渰沒民居廬舍殆盡

元成宗元貞元年夏六月濟陰大水

大德九年癸卯八月盤石鎭地震

文宗至順元年戊辰六月二十一日河水忽泛溢新舊三

堤一時咸決明日外堤復壞

五年壬申河決濟陰漂官民廬舍殆盡

順宗元統二年曹州濟陰大水

至正四年夏六月大水害稼
五年庚辰河決命尚書賈魯治之至乙酉大霖雨黃河
水溢平地深二丈餘
明太祖洪武元年戊申河溢乘氏州治遷於南安陵鎮去
乘氏四十里
二年乙酉河溢決安陵州治徙於東南盤石鎮去安陵
七十里
成祖永樂十一年癸巳夏五月十四日騶虞見安陵境主
簿應汝濟獲之祭酒胡儼有詩
英宗正統十年乙丑饑

十四年飛蝗蔽天
景泰三年壬申大饑
憲宗成化六年大旱
二十三年丁未黑氣自東北來彌天晝晦
孝宗宏治五年壬子河決黃陵岡淹沒民田數千頃命都
御史劉大夏治之塞黃陵岡北河止留南河又循賈
魯舊跡築堤四百餘里設夫守之自此以後河全注
曹歲被其害
十三年庚申河決李家楊家等口淤塞馬木河河水橫
流曹被害

十五年壬戌河決拐潭被害王崇獻郎事步韻郭二守行視新隄見示之作九河故道失東西嘗見名公駕四蹄為國莫憐沈玉璧奔湍何止潰金隄地維應合繫鼇背民力那煩用耳提願得成平千萬古一枝林下托依栖

十七年甲子秋九月地震後十日復震

武宗正德二年河決梁晉口漂没民居廬舍殆盡

四年己巳秋八月十有九日河決城西隄命工部侍郎

崔儼治之王崇獻詩八月九月河水溢賈魯堤防迷舊迹涓涓起自澗谿間頃刻岸崩數千尺我行見此殊惻恤觀者如堵咸股慄怒氣噴卻九天風聲若萬雷號鎮日餔時東注渤海倒平原千里連蒼昊人家遠近百無存禾黍高低付一掃人民淪盡不知數牛羊畜產何須顧倉皇收拾水中糧擬向他鄉度朝暮翻思山東富庶鄉百年生育荷吾皇哀哉河伯何不仁忍使一旦成蒼茫天時人事有如此人

事天時難料理聞道當年瓠子河興卒十萬功不奢
況復曹南水勢雄廟堂發策當如何君不見東村子
父因救子父先死又不見西村女母手相持
死不已安得治河最上策淚眼匍匐獻天子

五年庚午夏五月大雨河復決命工部侍郎李鏜治之
築堤自魏家灣至沙河驛二百七十里以防北徙

七年壬申河決命都御史劉愷治之築堤自開元寺至
荷村集凡八十里是年秋七月飛蝗蔽天食稼殆盡

九年甲戌春正月雷震大雨雪唐書云既雷不當雪陰脅陽也
夏五月乙丑大風拔木雨雹如雞卵傷禾毀瓦殺鳥
鵲時二麥將熟蕩然無遺九月河復決其春知縣趙
景鸞築護城堤獲免堤外皆大水爲災

十年乙亥夏四月大雨河决焦家潭命都御史趙璜治之璜奏添管河同知及主簿各一人

十二年丁丑河决呂家潭命都御史龔宏治之

世宗嘉靖三年甲申二月大風晝晦自未至酉人畜不辨

十七年戊戌秋七月雨歲祲八月櫻桃實 王崇儉詩墻下櫻桃再見紅但爭希罕走兒童驚花老去疑爲夢造化無憑晚立功露冷御憐枝太重客來偶與笑相同野人亦有芹心在丹禁遥瞻瑞靄中

二十六年丁未六月十二日河决入城官廨民舍蕩然一空溺死男女無算未决前一二日北關井水先渾河脉已潛通矣

三十二年癸丑饑

三十八年河決曹縣數百里禾稼一空吳兆龍詩桑田滄海變無常瓠子金堤自古忙世事紛紛恒若此澆愁且盡手中觴

穆宗隆慶六年壬申青堌境內地作呻吟聲旬日乃止

神宗萬曆十六年戊子歲大饑人食榆皮父子夫妻不相顧瘟疫盛行餓與病死各半

十七年己丑夏六月二十五日大風拔木走石五六月旱八月霜晚田盡傷

十八年庚寅三月三日黑霾自西北來忽晦終日無所見人物墮井者甚衆麥禾枯死過半

二十一年癸巳大雨自四月至八月不止公署廟宇民舍皆傾圮麥盡爛秋禾壞城中窪處行船次年春知縣郭養民開城東北隅鑿渠放水歲大饑

二十五年丁酉四月邑胡氏炰鼈噴噴有聲剖其腹有物狀如回民昂鼻深目骨臉黝黑肉帽前向與圖畫無異闔城鬨然

三十一年癸卯大霖雨河決工役大興歲祲民饑時總河曾改蒙牆寺河挑使北行

三十二年河工大興瘟疾作人死過半

三十四年丙午邑王氏雌雞變雄丹冠修尾但不司晨

按五行志爲雜歉

三十五年丁未大水民饑

三十八年庚戌大蝗

四十二年甲申大熟時張司寇愼言爲令

四十四年丙辰大旱蝗起流離載道

四十五年丁巳大旱蝗蔽天賑荒直指使過廷訓奏以入粟爲庠生時謂之粟生又以捕蝗應格亦許入庠時謂之蝗生李悅心詩丙辰丁巳俱飛蝗結陣排空蔽日光過處食苗復食穗捕來盈窖更盈倉井里十九缺晨炊商賈百千販女郎當事有懷何所惜矢心調燮格穹蒼

光宗泰昌元年庚申冬雨木冰

熹宗天啟元年辛酉冬雨木冰樹枝盡壓折地如琉璃

二年壬戌二月初七日夜地震有聲自東北來五月鄆城妖人徐鴻儒起十月討平之是年四月城南八里鋪甘露降於樹濃甘如飴南北凡十二里

五年乙丑正月十五日日赤如血無光二月十七日夜地震四月大霜殺麥禾

六年丙寅夏旱蝗大起翀天蔽日苗禾一空

懷宗崇禎二年己巳一男子不知所從來偽作婦人裝飾頂髻穿耳街市行走邏卒執送官捶殺之此陰化為陽之象人妖也

四年辛未九月河決荆隆口水漲城南凡八月平地丈餘尸流遍野是年冬大雪凍死人畜無算李悅心詩河伯恣狂虐民居入濁流神魚登樹杪畫鷁過樓頭甫念金堤潰波衝玉粒浮連年風浪惡空抛杞人憂

五年壬申清明後大雪平地二尺許寒異常時杏花盡開不果無實六月河決曹家口黑夜水至溺死人畜無數潰大行堤凡三處柳河一鎮全陷居人無及逃者

九年丙子夏雹如雞子城南更甚九月曹家口水灌河決

十一年戊寅夏四月二十七日午時邑西北境黑霧[illegible]

風雨拔樹飛瓦已而雨冰大者如拳平地二尺至酉方止打死行人鳥鵲無數田野凍合三日始解麥後大蝗秋牛大疫冬泥蟲傷麥至春麥苗盡死是年秋月犯大辰熒惑入尾

十二年己卯河決曹家口壞稼漂廬舍災及百里黃立誠詩

去年河水漲赤子盡成魚今年河漲水所魚仍舊赤屋舍俱漂流人人依風船衝至大堤邊行簑帶蘆席求衣體無帛求食囷無麥時聞呼號聲便自驚魂魄吾性本昂放欲作饑寒客吾意告君者何以豁肝腸何以祈洪恩何以解此厄

是年大旱飛蝗蔽天如黑雲聲如風雨至秋蝻復甚冬無雪泥蟲傷麥

十三年庚辰二月黄風蔽天日屋瓦牆垣皆作重金色民大饑米斗千錢自明二百餘年五穀踊貴無甚此者剝食榆皮殆盡殍孚徧野夏秋旱饑尤甚八月隕霜秋禾枯死

十四年辛巳四月大瘟疫麥熟無主村絕人煙城市婦女插標賣身

十五年壬午鼠生遍野十數成羣白晝往來見人不懼

十六年癸未三月日色搖盪無光八月太白星發芒角經天

國朝順治二年河決流迺口秋禾漂沒

五年戊子春城內坑水盡赤夏霪雨百日七月叛賊李
化鯨破城十月初三日晚朗星滿天大雨如注
七年庚寅河決荆隆口邑北一帶汪洋五年始平
十年癸巳二月三日夜四望火光觸天大小不等時以
爲青燐云
十六年己亥自五月初霪雨連至八月大傷麥禾
康熙元年壬寅五月初一日河決石香爐邑東南田禾盡
没十一月雨土數日
四年乙巳春大旱風砂彌月不息
朝廷頒內帑遣官賑濟蠲山東全省錢糧

七年戊申六月十七日戌時地大震自西北來聲如轟雷地如舟漂巨浪傾側再三城垣廬舍多圮八月西南隕星如斗既化白氣上沖

九年庚戌正月初二日晩隕星如月光照庭宇聲如雷八月河決牛市屯城南稼禾盡沒地增新沙民疲夫柳冬月積雪盛寒井水皆凍從所未聞

十年

皇恩蠲賑被水六處曹居其一

十一年壬子四月雨雹三次六八月蝗飛蔽天秋蝻生未甚傷稼

十二年癸丑春雞瘟死者無數郊外鴉鵲亦多瘟死二

月七日午雨入器如淡墨汁物之白者皆緇花朝日

大雪盈尺郊原一望迷目

雍正八年大旱秋禾不成

乾隆十二年大饑奉　旨賑濟

四十六年七月初八日河決小宋直衝黑村經魏家灣

大黃集洪福寺東入城武至四十八年四月中旬水

涸淤直丈餘

嘉慶十八年歲饑八月霪雨四十餘日教匪爲亂九月初

十日陷曹邑城

十九年春大歉夏飛蝗遍野蜂螫蝗死禾不受害

二十年元旦雨雪八月人多瘧疾

二十五年十二月二十三日雨結爲淩遍地琉璃果木壓折甚多

道光元年辛巳六月城中坑水盡赤倏忽而沒時有洗曹縣之謠六七兩月瘟疫大作人死無數相傳致匪投毒於井兼有紙人作祟

二年六月不暑秋大雨害粱禾平地行舟十月上旬始得種麥

四年大旱六月多霧白露後始得透雨豆禾不秀而實

十年閏四月二十四日戌刻地震房屋摇蕩有被屋壓死者後亦屢震至八月乃止

十一年七月十六至十八日日色無光白晝如晦秋大雨水深二尺餘晚禾盡傷冬大雪平地四尺餘草木凍枯

十二年八月大雨數日渰歉糧米大貴高糧二十筒斗每斗大錢一千冬大雪柿木皆凍枯

十三年春大歉二麥至芒種後晚熟十八日

十八年飛蝗過境蝻生遍野大雨後蝦蟆食之禾不受害八月十五日月食盡色赤

十九年正月三十日雨雪雷電八月人患瘧疾

二十年正月二十七日雷電雨雪二十九日雨霰如豆

二十七年三伏不雨歲大旱歉

咸豐二年春曹𠁣集東李子樹數株忽結實數十枚似瓜而小又數枚形似眉豆有杏樹一株結實爲梨略小於杏

五年四月十五日月兎外遊六月河決銅瓦廂曹邑北境受水七月初十日未刻有黑氣寬二三丈東西長亘天八月夜東方有赤氣如旗杆形

八年春曹邑城中起黑霧各家門窗盡如煙薰八月十

五日未刻皖匪陷城

十一年四月初四日申刻紅風大作白晝如晦鎗刀上
皆有火光不數日逆匪肆起

同治二年忽出無數小蝦蟆皆自北而南見蝗蝻便吞食
之不日而盡其患始息

四年正月十三日雪中雷電十月十七日下琉璃果木
多凍死

五年大雨潦黴

六年春多瘟疫七月大風拔木

十二年正月日赤無光

十三年四月大風晝晦

光緒元年二月中旬空中遍下黃土數日乃止

二年二月初四日戌時有紅光自天降於八里灣水中雷三陣風暴起邑人王浚明董廉等目見驚駭

三年八月十五日黑風蔽日咫尺無所見大木斯拔

四年春人患瘟疫城市尤甚

六年九月二十三日昏迷半更時陡起黑風草木之上皆有火光飄飄如蝴蝶然亦有時着人衣以手撲之絕無熱氣而衣亦無燒痕迨至風息而火光亦與之俱息時有看戲之人見之是年秋後無雨麥未種足

其殆旱之所致歟

七年正月二十五日巳刻狂風大作樹上皆有火光二月初十日子時無雲而雷

異木元尚書王茂之塋係明初劉伯溫所卜地當日有言曰此地固好惜不發青墓前有古柏一株老幹無枝自　國初至今二百餘年望之若枯槁之象叩之有金石之聲色黑如墨歷風霜而不朽經雨露而益堅世傳爲鐵柏在城西南十里王家老塋

春秋災祲必書重天變志修省也曹志前此載者頗略今復廣爲採訪較正明確臚列於右語云天道遠人道邇轉戾爲福尚期吾民敬惕之

【順治】定陶縣志

（清）趙國琳修　（清）張彥士纂

清順治十二年（1655）刻本

定陶縣志卷七

知縣[illegible]編

廩生張彥士訂

雜稽志

天災兵變意外之事爾有相乘之機焉動人以恐懼修省之心而轉禍爲福則黙回天道之無常者恠亂也奚容利其菑而安其危耶緇衲黃冠方外之道爾有相資之理焉動人以因果報應之說云改惡爲善則陰助王章之不逮者佛老[illegible]

共居而人其人耶作雞稽志

災異

魯哀公七年曹鄙人公孫彊獲白雁

漢地節四年雨雹如雞卵大深二尺許

建平二年王莽開丁姬槨戶火出炎四五丈吏卒以水沃滅乃得入燒燔槨中器物平丁姬冢時有群燕數千啣土投丁姬竃中

晉咸寧二年孛星見於氐

太康二年雨雹傷禾稼

宋元嘉元年十一月五色大鳥見時以爲鳳凰

梁天監十一年二月野蠶成繭

隋開皇十一年大水居民多所流溺

十五年大水民饑文帝命蘇威等分道賑給

唐貞觀三年三月歲星逆行入氐

長慶五年蝝蝗害稼

咸通三年夏民家羊生羔如犢

景福三年三月大雪平地三尺

後漢乾祐元年蝝生尋爲鸜鵒食殆盡

宋建隆四年四月月犯氐

太平興國二年夏六月大風壞縣廨及軍營

咸平二年夏秋大旱

五年熒惑犯氐

元祐七年麥秀兩岐

紹聖明年八月彗出氐度中如墳有光色白氣長

三尺斜指天市垣

金正隆二年邑宰阿失里夢一客綠袍烏帽革帶握

手板入謁曰吾族居治下爲細民捕殺將使無噍

類願賓慈憐少加禁止莫知所謂追春暮陂澤[illegible]采螺蚌魚鼈者什百為群網罾羅取數倍常日忽曀霧從空波涌如山雷聲震動一巨物長六七丈狀若蛟螭噴薄雲烟摧塌岸滸衆棄所獲爭赴乎地溺死者過半始悟邑宰之憂自是無復敢漁

元至元二年春三月己酉大雨雹

至順五年河決漂官民廬舍殆盡

元統二年大水

至正四年夏六月大水害稼人相食

五年大霖雨黃河水溢出平地深二丈餘

明洪武元年河溢

正統十年饑

十四年飛蝗蔽天

景泰三年大饑

成化六年大旱

弘治十七年九月地震後十日復震

正德九年春正月雷電大雨雪二月有星如斗起

自東北徑往西南如彗天鼓響如雷五月大雨雹

毀瓦傷麥殺鳥雀
十五年秋八月地震
嘉靖二年三月十二日黑風自北起咫尺無所見
秋霪雨四十日禾稼盡爛
二十三年夏飛蝗蔽天禾不能擎棲集大樹枝爲
之折
三十一年秋隕星石于城北七里其大如斗其響
如雷
三十二年雨冰

三十四年十二月十二日夜子時地震刻餘

三十九年十月民間石碌夜聞椎鑿聲次日見石
上所鑿如字形或可辨或不可辨

四十年三月七日雷震擊碎城西門樓吻獸

四十一年正月十一日南城濠冰上成花卉之像
枝葉俱備工巧分明鄉中潴水處亦有之三日乃
消

隆慶六年大雨水地陷

萬曆十四年春夏大旱

十六年大饑人食樹皮草根殆盡瘟疫盛行民死過半

十七年六月二十五日大風拔木大旱八月霣霜秋禾盡傷

十八年三月三日黑霾蔽天終日無所見人物墮井者甚衆麥枯死

二十一年大雨自四月至八月不止公署廟宇皆傾圮

二十二年春大饑如十六年

四十八年十月大雨氷地厚尺許樹枝皆折鳥獸
多餓死
天啓二年二月四日地震
崇禎十三年八月隕霜秋禾盡枯
十四年四月大瘟疫死亡殆盡城中無縞冠者十
月城守晦夜風鎗劍末皆有火光
十七年秀山民張爾夏產一子兩首
清順治四年元旦大雷雨雹
八年黃河氾濫水去城三五里

十二年八月五日地震

馮麟溎修　曹垣纂

【民國】定陶縣志

民國五年(1916)刻本

定陶縣志卷之九

雜稽志

天災兵變意外之事爾有相乘之機焉動人以恐懼修省之心而轉禍為福則默回天道之無常者惟亂也奚容利其菑而安其危耶緇衲黃冠方外之道爾有相資之理焉動人以因果報應之說而改惡為善則陰助王章之不逮者佛老也何必廬其居而人其人耶作雜稽志

災異

商

太甲五年陶邱之墟遍地生毛鳥獸食之立死經秋而萎次年其地五穀不生

周

魯哀公七年曹鄙人公孫彊獲白雁

漢

地節四年雨雹如雞卵大深二尺許

建平二年王莽開丁姬槨戶火出炎四五丈吏卒以水沃滅乃得入燒燔槨中器物平丁姬塚時有羣燕數

千鄉土投丁姬冢中

晉

咸寧二年孛星見於氐

太康二年雨雹傷禾稼

宋

元嘉元年十一月五色大鳥見時以爲鳳凰

梁

天監十一年二月野蠶成繭

隋

開皇十一年大水居民多所沉溺

十五年大水民饑文帝命蘓威等分道賑給

唐

貞觀三年三月歲星逆行入氐

長慶五年螟蝗害稼

咸通三年夏民家羊生羔如犢

景福三年三月大雪平地三尺

後漢

乾祐元年蝝生尋爲鸜鵒食殆盡

宋

建隆四年四月月犯氐

太平興國二年夏六月大風壞縣廨及軍營

咸平二年夏秋大旱

五年熒惑犯氐

元祐七年麥秀兩岐

紹聖四年八月彗出氐度中如塡有光色白氣長三尺

斜指天市垣

金

正隆二年邑宰阿失里夢一客綠袍烏帽荜帶握手板入謁曰吾族居治下爲細民捕殺將使無噍類願賫慈憐少加禁止莫知所謂迨春暮陂澤民采螺蜂魚鼈者什百爲羣網箕羅取數倍常日忽曀霧迷空波涌如山雷聲震動一巨物長六七尺狀若蛟螭噴薄雲烟摧塌岸滸衆棄所獲爭赴平地溺死者過半一悟邑宰之夢自是無復致漁

元

至大二年春三月己酉大雨雹

至順五年河決漂官民廬舍殆盡

元統二年大水

至正四年夏六月大水害稼人相食

五年大霖雨黃河水溢出平地深二丈餘

明

洪武元年河溢

正統十年饑

十四年飛蝗蔽天

景泰三年大饑

成化六年大旱

宏治十七年九月地震後十日復震

正德九年春正月雷電大雨雪二月有星如斗起自東北徑往西南如彗天鼓響如雷五月大雨雹毀禾傷麥殺鳥雀

十五年秋八月地震

嘉靖二年三月十二日黑風自北起咫尺無所見秋霖雨四十日禾稼盡爛

二十三年夏飛蝗蔽天禾不能擊棲集大樹枝爲之折

三十一年秋殞星石於城北七里其大如斗其響如雷

三十二年雨沙

三十四年十二月十二日夜子時地震刻餘星殞城北

三十九年十月民間石礮夜聞椎鑿聲次日見石上所鑿如字形或可辨或不可辨

四十年三月七日雷震擊碎城西門楼吻獸

四十一年正月十一日南城濠氷上成花卉之像枝葉俱脩工巧分明鄉中瀦水處亦有之三日乃消

隆慶六年大雨水地陷

萬歷十四年春夏大旱

十六年大饑人食樹皮草根殆盡瘟疫盛行民死過半

十七年六月二十五日大風拔木大旱八月霣霜秋禾盡傷

十八年三月三日黑霾蔽天終日無所見人物墜井者甚衆麥枯死

二十一年大雨自四月至八月不止公署廟宇皆傾圮

二十二年春大饑如十六年

四十八年十月大雨冰地厚尺許樹枝皆折鳥獸多餓

死

天啓二年二月四日地震

崇正十一年髻山道上有死兒一身兩首肩背有鱗

十三年八月霣霜秋禾盡枯

十四年四月大瘟疫死亡殆盡城中無縞冠者十月城守晦夜風鎗劍末皆有火光

十七年髻山民張爾夏產一子兩首

國朝

順治四年元旦大雷雨雪

六年黄河氾溢水去城三五里

十二年八月五日地震

康熙三年大旱四年春發帑銀二千兩遣官賑濟復一年田租

七年六月十七日戌時地震屋瓦皆鳴井水出波移時方休

十年正月酉戌之交星流如月無雲而雷是歲河患災祲特甚

十一年六月飛蝗蔽天

十三年正月十七日夜至五鼓四鄉居民蓬首跣足扶男抱女盡集城下呼聲震天地問其所以皆曰大兵至及開城門簇擁而入街市盡滿其實一無所見或謂鬼反

二十四年四月十二日烈風寒雨市人凍死者相望於道夏秋之交大雨經旬不休傷禾泛稼是年大無發倉賑濟

三十五年二月十八日酉時黑風起自西北觸鐵器有光行人咫尺盡迷壞房屋無數

四十二年大水五穀不登民賣兒鬻女流亡滿路發帑
銀一萬二千兩遣官四員糴米放賑又給庫銀代贖
典賣子女復流民業蠲本年田租民賴以安
四十七年紅霧傷麥六月白晝見星是歲旱免地丁十
分之一賑穀千餘石
六十一年秋水害稼歲大饑發倉普賑
雍正八年夏雨連綿至七月雨如傾盆遍地皆水墻垣
多壞九年春民多逃亡發倉普賑民賴以全活
乾隆元年九月初七日申時地震

四年霪雨爲災發倉賑濟有差又黃河氾溢衝决曹縣趙家集定陶協辦夫料二年民不堪命闔邑士民哀懇蒙撫河兩院批免永不爲例載賦役志

五年蝗蝻生

八年秋禾被淹發賑有差

十年七月十六日未時北望天際黑雲中維白氣一道長丈餘半出半沒蜿蜒而上刻時與雲俱散

十七年蝗蝻甫生旋即捕滅不至害稼

四十六年黃河决

五十一年大饑人相食死食無算

嘉慶七年春日現三珥

十五年正月天鼓鳴

十六年正月初十日現雙珥

十七年旱大饑盜賊蠭起

十八年正月日現三珥三月初三日黑風是年又大饑

十九年正月初五日黑風十五日地震是年又饑

二十年歲寒大熱人多疫死

二十四年十二月十九夜雨草木挂氷樹多凍折

二十五年五月初五日午時北郭外寶乘塔向西南傾倒半里許抵劉莊後牆響如雷四週十餘里皆聞之

道光九年十二月二十三日地震

十年閏四月十六日地震響如雷人俱屋倒出坐立如在船上二十三二十九五月初三初五又四次地震

十二年十二月一雪三日平地深五尺許

十四年秋大雨如注徹夜不休楊文成妻某氏忽於居室中趁電光見一物蜿蜒如絲色赤如火霹靂一聲粗如栲栳往來騰拿婦抱姑號呼其姑爲視禱物始

去氏素忤逆是後遂成孝婦僉以爲龍瞽云

十九年秋城西侯莊古槐結一豆長尺餘其粗盈把如

王瓜形

二十二年十二月二十四日戌時有明星自東北行向

西南後隨白氣如練天鼓響如雷嗣聞京中於是日

斬江西提督余步雲緣仇洋人

二十六年黑風壞折桂集石坊

二十七年三月至七月不雨歲大無八月雨足二麥得

下種次年春大饑餓殍滿野至日麥熟食新者亦多

死是年二月二十五日辰時紅風起髮山後雜黑旋風三撲往西南掀房毀屋拔木不勝數行人過其風聞內有鐵器鏦錚聲至午大雷雨氷雹如鷄卵

二十九年正月元旦黑霧竟日人對面咫尺不見

三十年九月二十四日午時天氣晴明空中數有響聲聞者皆變色後有自濟寧來者云彼處是日亦聞之

咸豐元年五月天鼓鳴六月黃河現底

二年正月元旦日套雙環十五亦如之五月亦如之十二月二十八天雨黃沙如米

三年二月二十二日起紅土烈風二十三白霧迷天至

二十九始消

四年正月初七日南北黑白氣一道初九日旁重耶一

日五色皆備

五年六月十八日河決銅瓦廂十九水至城南北三河

皆溢二十六米口河又決城南一帶汪洋

六年五月飛蝗徧野六月蝻生食禾害稼次年五月亦

如之

八年四月大雨雹八月彗見射斗九月移天河中後不

見
九年十月十一日申刻日不穩象似轉旋人望之皆暈
十年十二月大雪四晝夜平地積三尺餘烏鵲死無算
十一年正月元旦黑霧起晝晦竟日始消五月彗見射
斗又東南見彗西入天河七月初七初八兩日日月
合璧夜五星聯珠
同治元年四月蝗蝻生六月徧野飛去東南不害稼
二年四月初一日日出黄紫昏暗竟日初七亦如之五
月河自龍門口決城南北河水皆溢七月初三大雨

平地深二尺幸河水如故

三年正月十六日日左右現紅白兩圈是年豐稔

四年正月連日風雪并降雹積冰折木鳥餓死二月烈風四晝夜

五年六月大雨八日平地水深五尺秋禾盡淹立秋後又炎熱異常屋內物如炙人熱死者甚衆七月又大雨四晝夜屋多倒塌十二月城内忽出蛇衆云大王迎供天王寺能降乩語云係河伯次年三月化空遺殼仍在寺八月大雨東明黃河決東流至城南王店

河水勢洶湧人皆駭二十五日劉邑侯約衆送殺於
河行禮禱祝殺逆流上水驟落至二十八日盡退八
咸以爲奇
九年伏日炎熱異常中暑死者甚衆
十年五月四方飛蝗落於田不害稼
十一年三月城東北孟海大雨冰雹南北七十餘里東
西三十餘里
光緒元年城南劉莊王姓一產三男經官詳報
三年四月城東烈風雷雨旋降雹大如卵積深一二寸許

麥禾春禾俱傷六月飛蝗落生蝻害稼

四年六月大疫人死無算山西奇荒逃入境者死其半

十八年二月初六夜滿天星飛如射箭四月初七戌時

大風迅雷急雨滿地火光起人驚迷人有陷井坑者

城東降冰雹麥禾盡傷

二十六年夏日赤如血闇而無光且有兩月並行三日

並出青虹一道東西長亘天久之始滅

二十五年春大風霾午飯時天黑如夜室中秉燭始能

見物

(清)儲元升纂修

【乾隆】東明縣志

民國十三年(1924)鉛印本

年紀災祥

春秋魯隱公二年公會戎于潛杜預曰陳留濟陽縣東南有戎城是也昭公十年秋公會晉侯宋公衛侯鄭伯曹伯莒子邾子滕子薛伯杞伯小邾子于平丘八月甲戌同盟于平丘平丘在縣西南哀公十三年公會晉侯及吳子于黄池七月辛丑盟吳晉還及戶牖

梁惠成王三十年城濟陽

秦始皇二十八年東遊至戶牖鄉忽昏霧四塞不能進因名其地爲東昏築臺以厭之名秦臺

二世二年七月沛公略魏地至東昏及項羽追章邯于濮陽破之邯復守濮陽環水

二世　年項羽欲屠外黃外黃令舍人諫止之

漢文帝十二年河決酸棗東潰金堤興卒塞之

武帝　年始置東昏縣屬陳留郡

成帝建始四年秋大雨十餘日河大決東郡金堤凡灌四郡三十二縣水居地十五萬頃深三丈壞官民室廬四萬所

哀帝建平元年濟陽有嘉禾生一莖九穗是年十二月甲子光武生于濟陽赤光滿室

新莽改東昏爲東明

光武復東明爲東昏

明帝永平十二年夏四月修汴渠隄初平帝時河汴決壞久

而不修其後汴渠東侵兗豫會有薦王景能治水者于是詔景與將作謁者王吳修之自滎陽東至千乘海口千餘里每十里立一水門令更相洄注無復潰漏之患汴渠即漢文帝時所壞金堤也

十三年夏四月汴渠成河汴分流復其故跡

章帝建初八年六月東昏城下池水赤如血

靈帝中平元年宛句縣妖草生其莖大如手指狀似鳩雀龍蛇鳥獸之形毛羽頭目足翅皆具是歲黃巾賊張角等起

曹魏廢縣爲東昏鎮以其地入外黃濟陽國

濟陽郡

晉安帝隆安元年六月己酉歲星在東壁占曰衛地饑有兵

齊和帝中興元年廢寶卷爲東昏侯

後魏世祖神　年十二月丙戌流星首如甕長二十餘丈大如數十斛色正赤光燭人自天船及河抵奎及壁占曰天船以濟兵車奎爲徐方壁爲衛是時宋將劉彥之等侵魏魏大捷

隋廢陳留郡

唐太宗貞觀元年分天下爲十道曰河南治陳留曰河北治魏郡

僖宗乾符二年五月王仙芝陷濮曹州冤句縣人黃巢聚衆應之

宋太祖建隆元年澶濮諸州自春正月至于夏六月不雨

乾德元年正月澶滑魏諸州饑詔發廩賑之是年以東昏鎮置東明縣屬開封府爲畿內地乾德四年滑州靈河縣堤壞

水東注曹州南華縣

開寶元年大水民饑命發廩賑之是年東明產瑞麥太平興國八年夏及秋河水害田釋死罪以下

端拱元年黃河水淸二百餘里

淳化元年旱災民大饑饉其死十之七

淳化三年復旱

治平元年饑遣使賑恤蠲租

熙寧四年市易司始榷河北諸州鹽東明民食鹽于官

元豐四年五月東明民數百人入京詣王安石私第訴助役升降發第之法安石諭以相府不知訴之御史蔡確不受訴諭

令散去于是提點趙子幾怒東明尹賈蕃不能禁摭以他事坐之楊繪劉摯並以論救貶元祐元年監察御史王巖叟奏罷大名諸州縣榷鹽法

靖康元年寇入東明京東將黃有隣率衆拒之斬首十餘級先是長垣陷知縣上官敏功死之時東明宋晟督兵力拒城始得全手詔嘉之改其官張俊亦以守東明有功轉武功大夫

建炎三年東明縣沒于金

紹熙五年制沿河置埽二十五在河北者十九濬滑都巡河官一人白馬東明散巡河官各一人

嘉泰十五年宋大名忠義彭義斌復京東州縣

金興定二年廢東明縣爲通安堡

正大元年東明王鶚進士及第是年曹州淪廢乃割東明隸

曹州　九年罷通安堡爲縣改名儀封仍割蘭陽六鄉爲蘭

陽縣

元世祖至元元年置白馬東明濬州等綱　二十二年秋河水

害田　二十五年河北徙東明曹濮等處被其害

元貞二年水　六月蝗　八日旱蝗

大德元年大名路旱　三年罷大名路黄河故道田所輸租

五年四月蟲食桑　六月旱　七月復水至大元年五月

蟲食桑

延祐元年三月隕霜殺桑果及禾苗

至治二年十二月太白守熒惑三星聚于室

太定元年饑詔發粟賑之　三年大名路旱蝗民饑詔並賑之

天曆二年三年八年二十七年旱蝗

至順元年河決長垣東明漂民田五百八十餘頃

至元三年六月辛巳大霖雨河水溢沒人畜廬舍甚重

至正四年五月大霖雨河溢決白茅堤金堤　九年詔修金堤民夫日給鈔三貫　十一年賈魯濬河得石人於黃陵岡

一眼先是河南北童謠云石人一隻眼挑動黃河天下反是年賈魯發河南北丁夫十七萬人開濬黃河故道民心愁怨思亂果于黃陵岡得石人一眼而汝穎蘄黃之兵起

十二年水旱蝗大饑給鈔賑之是年賊寇濬滑諸州勢甚猖獗詔起德住爲河南右丞守東明德住馳入東明輒繕城隍嚴備禦賊不敢逼　十七年劉福通督兵寇大名路陷之已而太不花襲復大名及諸州皆下之詔中書右丞也先不花御史中丞成遵宣之撫之　二十八年明兵取廣平彰德衛輝而北大名諸州縣不戰而降八月遂爲明

明洪武元年河溢繹口灌東明曹州溺死人畜壞官民廬舍不可勝計　二年黃河泛漲人民四散縣治遂廢

宣德六年秋七月霖雨傷稼詔蠲租稅　丙辰年大水決堤沒田詔蠲其稅　己未年大水傷稼　八年大名府屬州縣自七年冬至今年夏六月不雨稼盡槁死命行在戶部遣官覆視蠲其稅　甲申大名府境內蝗遣官馳驛督捕時行在戶部奏言本府境內蝗蝻傷稼雖悉力捕瘞而日加熾盛上曰民以穀爲命蝗不盡滅民何所望遂遣御史給事中錦衣衛官馳驛分往督捕

正統元年夏五月河決堤沒田詔築堤蠲租　十三年河決陽武衝黎子口故道東流抵濮州張秋入海命工部尚書石璞侍郎王永和都御史王文相繼築之績弗成　十四年河決朱家口大饑

景泰五年河始平

天順元年詔免大名境內去歲被災田租　二年大蝗旣而抱草死臭不可近　五年夏麥大熟穗有兩岐者秋穀登有一莖二穗至三四穗者

成化二十年歲大旱人饑相食　二十二年東䓁里耆民李恕等奏復縣治　二十三年歲大饑人相食弘治二年河決荆隆口黃陵岡東經曹濮決張秋運河　四年復治東明縣于大善集劃其故境之入于長垣開州者籍之是年知縣宫顯來任　五年河復決荆隆口由黃陵岡北趨張秋絕運河而東掠汶入海命右副都御史劉大夏太監李興平江伯陳

銳以丁夫十有二萬往治決河乃先疏祥符滎澤上流東入于淮又疏賈魯舊河四十餘里出之徐州支流既分水勢漸殺乃築塞張秋決口又於黃陵岡之東西築長堤各三百餘里于是黃河東流經歸德徐州達于淮而張秋之決遂塞

正德二年黑眚見青氣黑色昏暮間突出有物如狸或如犬其行如風或傷人面或嚙人足尤殘小兒一夜數十發居民擊金革器聚坐待旦約二十日迺息　六年薊盜劉六等衆數萬攻東明城知縣劉鸞堅守不下指揮使畲興赴援力戰死之已而遊擊將軍許泰兵到大勝賊乃解去　十年大旱民饑　十五年春三月大風拔木木柯火光飛流

嘉靖元年十一月山東流賊王鏜曹四等寇東明兵備副使

劉秉鑑督兵拒之不得逞焚杜勝集渡河而南鑑復追之于鈞州尋被擒　二年大風晝晦踰旬始息夏旱秋八月復霖雨民大饑死者相望于道　五年五星聚于營室十一月星隕如月向西北迅去良久迺滅空中有聲如鼓　六年旱六月迺雨　七年春米斗過百錢因行折二錢人有相食者詔免田租十之八　九年秋大水詔免田租十之七　十二年秋霖雨四旬方止　十三年冬十二月壬寅大風晝晦紅沙漲天如黑夜移時乃稍如常　十六年春二月雨至八月禾稼一空大疫　十八年大旱民饑　二十年山西大亂幾輔之間騷然始撤諸州縣繕堡　二十一年大水禾沒民多流

亡　二十二年春二月大雨雹蛟龍見是後屢遭大水　二十三年大水饑知府張謙請蠲官庫代輸其夏稅之數民甚德之立生祠　二十六年曹州妖僧聚兵爲亂大名及河南山東隣州郡騷然都御史蘇公祐檄兵備副使李焜提民兵數千屯東明賊尋縛龍兵　二十八年大旱無麥　三十年大水饑甚命有司賑濟有差是歲漳衛水決平地水深數尺魏縣元城長垣東明尤甚溺死者無算知府張瀚撫循備至出官庫銀錢賑給之民賴以生　三十一年復大水　三十二年夏旱秋復大水有司發廩賑之　三十三年大饑斗米二百餘錢詔戶部發帑賑之　三十八年有星隕于楊子彬

屯火光墜地無迹

隆慶二年邑人吏科給事中石星諫言忤旨廷杖落籍爲民是年大水革種馬十分之二　三年大水　四年革種馬十分之二

萬曆二年蝗　四年大水傷穀　五年復大水八月彗星見于西南光芒數丈兩月始滅　七年蠲革種馬　十年旱十三年旱　十五年大旱田禾乾死免存留米及叢株課米有差是歲秋黃河決荆隆口漫至城下假筏以行邑城幾全漂沒　十六年大饑斗米二百餘錢人相食疫氣流行人死强半巡撫賈請發臨清倉米賑濟州縣俱發米煮粥夏麥大

熟委棄在野不識收刈　十七年潞王之國州縣徵發夫役
十八年三月三日黑風起自西北飛沙走石咫尺不辨出
遊者或墮井或凍死災變異常自中至夜分始定　十九年
知縣區大倫奉知府塗時相檄建社倉四所城中海頭衙東明司馬集八
月知縣區大倫奉知府塗時相檄給民耕牛九月給民麥種
二十年夏旱知縣區大倫詣河剪髮爪祈禱旋即雨十月
雷震是年寧夏兵變兵部尚書石星命將討平之以功加少
保廕一子錦衣衛指揮　二十一年春民饑四月後大雨壞
麥　二十二年秋大水　二十七年虸蚄食花　二十八年
十一月大雨二晝夜泥水不成凍　三十一年秋大雨平地

水深二尺禾稼盡傷　三十二年十月大雨成氷樹木盡折
三十四年秋大水平地深數尺禾稼傷損十之七八　三
十五年飛蝗自東北來障天蔽日經過二十餘日不盡有落
下者即遺種其地嗣後蝗蝻復生　三十六年大蝗嗣後豆
虫遍地豆田幾爲傷盡　三十八年大蝗　四十年河南山
東大蝗距邑境不遠忽有烏鵶數萬餘迎而食之遂不入境
四十一年畿內大水邑西北數處傷禾稼其餘倖免　四
十三年三月至七月不雨民情嗷嗷多逃亡者蓋自京畿河
北以至山東方三千里
天啟五年春大旱四月始雨秋禾甫起飛蝗至大嚙禾稼祭

告輒飛去

崇禎六年除夜雷電暴雨　七年二月中麥黃萎有蟲纖芥叢生自根至末不知何物俗呼爲麥虱是歲二麥無收　十三年春夏秋俱不雨入冬盜賊蜂起會霜嚴途中凍死者枕藉至冬賊刼四境殺戮甚慘燒南北關人相食道殣相望撫院中軍王衍飛數攻擒賊斬獲有奇功　十四年春民苦于歲再苦賊繼又苦餉生計乏絕父子兄弟夫妻相食無忌有司不能禁米麥價俱錢二千一斗樹皮樹葉爭取啗春二月瘟疫大作有一家而死數口者有一家而全歿者白骨山積遺骸徧野蝻祟復作二麥俱盡居民死亡參半四境荒涼蓬

蒿滿目是時撫民者草菅百姓寃殺七士閤邑扼腕道路以目莫敢言者至秋始雨二麥得種人心稍安入冬民漸有生

先是寇侵孟大夫集參將張成福破之　十五年二麥吐花蝻復生邑迤北食麥無遺居民捕瘞設火焚食愈甚天降黑蜂攫蝻而食嚙蝻入土隨化爲蜂三日蝻盡而蜂不知其所之傳爲神異　甲申春三月逆闖僞官王秉純至四月

皇清定鼎鄉官張力劉璧星范春駿李允樟生員辛廣慈倡義討僞官誅衙蠹程抱六夥執五官亭解賊營不屈死之

順治元年八月署東明縣知縣段鵬藻任事　五年秋七月山東寇李化鯨作亂掠曹而西擁賊衆百萬薄城下重圍十

五晝夜知縣曹良輔會邑人辛廣恩董三晉崔拱乾陳延祚內修捍禦外請救援會三省滿漢兵會剿圍始解當時寇挾村民攻城鞭笞索城大軍深入玉石俱焚白骨盈野後餘孽未靖乘間剽掠百姓宵晝守望臥不安枕者數載　七年秋九月河決荊隆口抵張秋南北關六十餘里城垣三面盡頹北關城堤玉帶橋傾入漆河廬舍人田漂沒無算

詔蠲租知縣楊素蘊申請　督　撫　題允撥滑縣兩年存留銀五千二百餘兩接濟官師俸薪諸生廪餼暨衙役驛遞諸工食　冬十月日食晝晦星見　八年冬十一月河塞　九年夏六月河復決泛溢如初　十一年夏四月

詔遣內通政使哈愷刑部侍郎杜立德齎內帑賑濟畿輔給本
邑災民布四百二十疋銀三千七百六十兩有奇士民胥慶
是時有城南村老媪邱氏者百二十五歲兩子俱八九十歲
人扶掖請賑杜公改容敬之稱爲人瑞加賑布二疋銀四兩
屬有司歲時恤焉
夏六月地震　十二年冬十月河塞　十四年歲稔穀賤
十五年春二月
詔遣滿洲大人阿思哈都御史傅維鱗賑濟全畿給邑民銀五
百四十兩有奇　十七年春旱四月始雨　康熙元年秋八
月雨六晝夜乃止　九月沁水溢河渠決漲月餘方涸　四

年春大旱四月始雨是歲蠲租三分　六年秋七月蝗縣丞
孔胤檜督民捕滅蒙蠲租三分　七年夏六月地震樓房有
傾頹者有星自西南隕聲震若雷赤痕繞空自申至戌方滅
九年春旱知縣楊日升緩征宿境禱雨冠裳待旦廿森立
沛歲大稔　秋山東牛市口決總河檄徵東長二邑各協濟
柳稍十一萬五千東邑民洶懼知縣楊日升剴切申詳蒙府
道院力請總河二邑各蠲其半民稍甦息　十年秋旱知縣
楊日升步禱三日雨澤隨至四境霑足晚收報成　十一年
夏蝗飛蔽日知縣楊日升齋沐醮禱城隍蝗不停落稍停旋
即遠去菽麥無害　秋初晚禾茂蝻子復生叢躍一二尺許

知縣楊日升下令有能撲打五斗者給穀獎賞多者倍之倡
縣丞汪源典史吳人傑親督撲蝻百姓爭先濬溝驅納無間
晝夜不數日撲盡無遺是年書大有　十四年滇黔用兵大
軍道經於邑　二十六年旱蠲免租稅　三十三年邑西水
坡村土冰自起高三尺闊二尺餘是年大水　三十四年四
月初六日戌時地震　四十一年五月大風拔木屋瓦皆飛
　四十二年三月淫雨壞麥秋沁水大至北門外玉帶橋衝
圮是歲大饑斗米三百餘錢　四十三年春奉文煮粥賑濟
倉米不繼富民崔明桂捐助月餘大疫夏麥大熟　四十六
年四月大雨雹縣南二十里外麥盡傷樹葉皆無如冬　四

十八年黃河水溢裴子岩李官營等處被其害踰月始涸

五十年

上六十萬壽錢糧盡行蠲免　五十三年旱四月始雨秋禾爲虸蚄所食　六十年大旱無麥七月河決釘舡帮水大至闔三十里城四面皆頹西北一帶廬舍田禾漂沒無算是年旱災蠲免銀二千三百有奇水災蠲免銀二千一百有奇發倉賑濟穀一萬三千八百石有奇截留漕米賑濟五千三百八十五石有奇六十一年黃水復發蠲免銀二千一百有奇

雍正元年

欽差通政司李鳳翥按臨賑濟舊年被水窮民給散銀三千八

百二兩四錢　七年因連歲豐稔人民樂業
聖心深慰錢糧每兩蠲免一錢七分共蠲免銀五千三百八十
兩有奇　八年因地方吏牧得人咸召天和連年豐收錢粮
每兩蠲免一錢六分六厘共蠲銀五千五十五兩二錢三分
是年秋被水復蠲免銀一千六百七十五兩二錢五分　九
年春煑粥施濟全活甚衆
乾隆四年因數歲豐樂錢糧共蠲免一萬一千一百三十八
兩七錢有奇七月雨數日不止河水溢平地水深二三尺復
蠲免錢糧三千七十五兩九錢有奇急賑一月用穀九百三
十五石七斗續賑三月用穀四千三百四十四石五斗又減

價糶賞以濟貧乏　五年蝗　十一年因大慶錢糧盡行蠲免　十二年賈文村被水蠲免三十七兩三錢六分秋慧星見於西方　十三年大旱四月乃雨糧價騰躍斗米錢二百餘文　十六年河決陽武平地水深三四尺闔四十里廬舍漂蕩田禾盡沒蠲免錢糧四千六百六十八兩六錢有奇急賑用穀四千六百二二石續賑加賑共用銀七千九百一十六兩五錢分給房價棉衣有闕賑歸來者又賑銀四百八十六兩來春借與子種民乃安堵　十七年飛蝗徧野　制臺方率屬親臨撲滅　十八年麥大熟

【民國】東明縣新志

任傳藻修　穆祥仲纂

民國二十二年（1933）鉛印本

東明縣新誌卷之二十

災荒

舊志無災荒也僅于紀事中列之此次新修採璽山例爲故實志列目七其五曰災荒凡水旱蝗疫匪盜等害於斯民者皆屬之嗚呼地界兗豫河濟之間襄陵昏墊歷代弗免此水災也宣防既築瀆河其魚而堤埝之外往往時苦旱魃油油黍稷枯槁是歲此旱災也壤接曹考莽多伏戎蹈虎履冰四民惕然近年以內爭之不息益萑苻之時遇屠戮人民村落爲墟談虎色變閩獅戒吼此匪災也餘如風雹如夭札亦未嘗非災但是歷年既久無關近今生聚者已列之大事記矣概不另述而以近數十年之災分而次之作災荒攷

水災

黃河自豫鄭州而下由山谿陡落平地狂瀾衝射橫決頻仍每値夏秋水潦尤猛歷代皆築堤束水以遏昏墊而河床屑澱隄失其高壓遺潰決明邑西北兩部黃

流繞濮匏子失險而後淸咸豐二年以前計決口者九城淪者再事詳大事記中無庸再贅突溯自民國六年舊歷七月間霪雨決辰河水陡漲於二十二日由長垣境之范莊(在城西南)小堤漫溢決口繞縣城東趨流入山東境內尋涸八月七日水復暴漲更由謝寨(在城西南)堤頂越過城南城東適當其衝橫流波及平地水深數尺凡舊有之枯渠如東明集五霸岡無不充溢瀰漫田禾大半淹沒人民環村築堰自衛潰破者數十村而趙官營村地居坑坎一時失守水與屋平村人僅以身免民國十年伏雨連霄月餘不息黃流暴發於六月十一日黃姑廟(在城西南)小隄潰決四百餘丈復趨故道順流而下旋起旋落者六七次汪洋浩瀚所過織成澤國田廬蕩然寨垣大半損壞時値賊匪方熾鄉民恐其乘間駕舟而至皆立水中冒風雨晝夜修補縣城四外扶老攜幼紛紛進城逃水門爲之塞見者莫不傷心慘目是年八月中旬大雨如注晝夜不止汪洋千頃渺無涯際禾稼蕩委洪波矣十二年七月初河水復漲越郭莊(在城西南)小隄趨向東

北城西北村莊無不被害十五年六七兩月霪雨連綿城東北一帶水深二三尺房屋倒塌數千間黃河水勢洶湧兩岸下汎汶河頭（在城東北）決口一百餘丈山東曹州西北部半爲波臣所有而東明被災較輕十八年六月中旬大雨傾盆平地水深二尺餘以致黃流漲溢下汎（在城東北）大堤決口二里許附近災民避水隄上困苦不堪言狀薛縣長與各機關籌備急賑日往散放復協同河務人員購買秸料秋後旋即合龍云

民國十五年夏六月疾雨澈晝夜積水汪洋匯成澤國窪地禾苗悉毀房屋傾圮無數村人咸築堤防水災害初不在河患下誠數十年來所僅見者十八年六七月間霪雨爲災田禾因之減收二十年七八月間連朝陰雨秋禾淹死十之七八抄田尤甚

按邑黃河十三年來決口五次各區或當其衝或遭波及輕重不等蓋由西南決者受災數百村由東北決者受災數十村究無不流入曹州境內泛濫數百

里而入海所過之處皆成澤國雖曰天災亦以人謀之不臧也夫黃河為中國著名大川自山間流入平原挾沙泥甚多自來談治河者只知築堤以束水而不注意浚深遂致泥沙年年塡積日日沉澱河身高出堤外平原之趨勢若將來再潰決為害地方或更甚於此者治本之法惟有浚深其法詳載總理建國方略中幸當局注意及之

水災 補志

本年七月新志稿成尚未付印突於八月十二日（即舊歷六月二十二日）黃河自上汛龐莊地方決口數百丈且上游蘭封之耳巴寨考城之四門堂等處亦同時決口分流而下水勢洶湧縣境全入洪流一二兩區所屬村莊無一倖免廬舍物畜漂沒殆盡四六兩區較輕之處村莊尚獲保存田禾亦悉被浸淹惟五區略餘少數未淹之村而三區界在河西內灘災亦奇重且黃河西岸決口之處尤多且重長垣滑濬境內災害更巨傳聞自豫鄒以下綜計兩岸潰決之所不下三

十餘處亦黃河百年來之奇變也本縣於決口次日水圍城隍深及丈許城垣岌
岌不保灌滅之禍即在目前幸民夫拚命搶護得以無恙危矣幸矣現在遍地災
黎流亡滿目善後維艱　省政府已派急賑兼委員瀛攜款四千元到縣散放復
派胡委員源匯攜米糧數千石來縣賑飢并經本縣組織賑務分會籌維賑濟到
處呼籲冀有以補救於萬一此次災情過大較之民六民十十一十五十八等年
被害僅及一隅者遠過百倍哀吾縣民其又何日得脫昏墊之苦耶故於書稿已
成後復濡筆補志於此　分纂李振聲謹識

旱災

民國十八年七八月間大旱田苗枯死民不聊生

匪災

東明東接鄒魯西毗衛南控文質相稱之鄉也然以南近西考萑苻時驚鬼蜮一
東慨自東漢之季黃巾蠭起東郡濟陰實爲戎首唐末王仙芝黃巢之徒復揭竿

於是土寇南陷交匯轉克西都而李杜以尾明正德間劉寇之變屠戮爲慘清初
李化鯨之擾嘉慶間李義成之役咸同間苗捻兩次之北犯以及土著李遜之變
膺國祭民命所損不貲而距今已遠且均見之大事記矣似無贅之必要故於匪
災之詳述則斷自清民之間民國六年夏邑之東北菏澤縣境匪首蔡桑三四十
人初起時所過地方僅索食而已民間亦不甚畏之官吏不爲措意漸而購快槍
運子彈據縣東北爲巢穴衆愈聚愈多稱掌櫃者（謂賊首爲掌櫃）數十人刦
掠焚殺由城東斜而南復由城北繞而西蔓延徧全境焉是年秋即出而擾縣北
之莊寨各村架人勒贖十二月二十日由城東郝窩過留食二十三日直撲五窩
崗寨北門被擊走南入菏澤縣境遺肉票一七年正二三四月內被擾之村若陽
進集任寨劉士寬寨于潭寨宋莊馬王鎮居莊段莊爲閻李千戶寨里長營袁長
營東明集小井杜勝集南張寨等處有一至者焉有再至三至者焉或食派飯或
掠牲畜或擄人口惟二月十四日入南張寨村傷數人三月二十四日攻宋莊寨

傷一人二十六日攻西孫樓寨焚東門傷一人燒屋一座四月十五日攻五篩岡
寨被擊斃賊一名逃二西乃退去計前此賊衆不過數十人或數百人獨五月初
八日突有東匪頭目老王爺顧德鄰劉長久野狸子范明心高喜順劉佩玉吳田
黑五等集合大小股萬餘衆由東北菏澤境蜂擁而來東西闊十餘里幡十餘頂
車數百輛塡塞道途過二日始離往東明集有老王爺六王爺七王爺高少爺等
餘住城子崖寨 賀莊田行各村 若吳莊裕州集 井店皆受害次日去至夜又由
東北來千餘人到東明集一帶仰去其大股於十九日至杜勝集進東掠去百餘
人沿途被擄者數百村除損失財物外約計贖用款不下二三十萬元論賊之慘
酷於被掠者尤甚凡賊首訊問儼如官長升堂兩旁羅列多人綁票纍纍如囚徒
然一一拷打逼令供有地若干畝每地一畝大概索贖洋五六元極貧者責打放
還獨其怒者槍斃未放出者以繩繫手以豬脬蒙面以膏藥糊眼置地窖中糧給
飲食間有困死者嗟呼似此暗無天日慘無人理小民何辜遭此荼毒乎大股去

後來尾高喜順率四百人據劉士寬寨遣人至五霸岡索快槍二十枝不與即攻寨寨中禦之乃去至西孫樓攻東孫樓寨相距里許東去五霸岡三里餘五霸岡用快槍巨炮遙擊其東南北三面賊不能存只餘正西一面仰攻經晝夜未息進退四五次而孫樓寨中槍炮無幾乃以麥楷成捆焚燒寨垣下賊不能近幸住城守備隊同縣遊擊隊往援賊始南去計寨中傷三人賊死十餘人而曹州鎮亦開四百人至五霸岡聞賊去即退方賊之由孫樓南竄也入東明集寨中傷數人我守備隊暨遊擊隊追及劇戰五六時之久賊死傷多人復向東南竄走守備隊亦陣亡排長一名正兵一名帶傷者一名二十五六兩日陸軍開來兩營大名守備隊即去賊跡自此稍斂八月六日陸軍去宣化守備隊兩營來十一月七日有悍賊四十餘人每人持快槍一枝手鎗一枝在菏澤縣之侯莊戲會中擄三四十人北去至邑城東楊村被駐五霸岡守備隊張連長率所部追去至任寨與賊遡相距二里餘酣戰半日斃賊多名猶死守不去會有曹州兩營至隔村夾擊賊死殆

盡生擒數名逃去者三五人而已其大股在黃河岸北尚有七八百人聞信夜遁八年賊入高堌掠去八十餘人九年六月守備隊去月底卽有賊至馬廠七月間在五勝橋千屯郭斌寨小胡莊等村架人索食八月初縣遊擊隊偕同巡警與戰於黃河南岸之黃莊賊依河堤爲護符我軍分隊猛進斃賊八名巡警傷二人遊擊隊傷一人九月宣化守備隊復回十一月賊入郭斌寨曹州馬隊至卽去十二月二十二日駐海頭集之守備隊與賊戰於馬廠賊退入白雲堌堆是歲白雲各鄉村民十室九空況入夏以後又無大雨至秋猶未降甘霖早秋減半收晚秋僅三分民衆困苦已極不堪然猶不止此也至十年更災害並至奏春夏之交賊卽在河工黃莊一帶不時搶掠並城東之沙堌堆五勝橋張樓城東南之裕州屯王官屯油寨沙河等村食派飯掠財物綁肉票不可悉數至夏間氣燄益張慘虐益甚六月民團與戰於陳巢長屯陣亡四人傷三人先是匪首白外歸召集舊黨並各小股數十人至城南陳寨村尙未遠行殘暴嗣因山東匪劉長久率其黨羽千

餘人來東持快槍合子炮公然以黃莊爲根據地日往四外催送食物民間畏如虎狼俯首下氣奔走供給之匪過無何黃莊下遊又出險工冀南道憲往查而匪黨毫不爲意方託言代做河工聚集醜類演戲娶欲施放槍炮以驚道憲道憲亦無如何而去可謂凶橫已極矣嗣於七月三日因六月初河決縣北水勢過大揚言往城南就食當即攻破包旗營寨傷十人擄去十餘人翌日至里長營寨外先登近寨之繆家高樓開槍俯擊彈如雨下守寨人不能支遂陷當時被害者二十人受重傷者十餘人擄去五六十人財物席捲而空約計損失及贖人用款當在十餘萬洋之數縣知事高飛電告急兵猶未至而賊於八月初復攻東孫樓寨不克遂入山東境刦掠旋至江莊穆莊王官屯擄數十人去十三日河工中汎高村失守河員俱逃入東明城內賊遂占胆敢由電話局往縣署通電話二十六日入于淳寨傷數人擄去七八十人損失財物牲畜無算九月十日陸軍一團開來剿辦大名鎮憲亦率馬步四營協剿乃匪其狡猾聞信遂棄高村沿河由城西南竄

至劉樓村適陸軍自長垣開來渡過竹林河口匪先放槍抵抗該軍用大炮轟擊匪敗走東竄至解莊焚殺男女四十六人燒毀房屋二十餘間又去東北孟大夫集有該處社勇百餘人截剿匪北竄陳士樂屯寨中該社勇恐衆寡不敵急報知社長何繫辰當即聯合大衆三千人進發圍攻互有死傷無何陸軍騎兵並大名馬隊均趕至共相圍擊而曹州馬隊亦到各攻一面賊乘夜竟從北面曹州馬隊中冲出杳無蹤跡矣（此中有疑團）是役也陸軍陣亡連長一名社勇死九名得賊遺肉票多名大名鎮憲佈置一切卽回轅留陸軍一團爲善後計十一年春小股土匪又乘機竊發横擾小村小戶凡有四五十畝地者亦不能漏網此等賊率無巢穴得票卽逃入大股販票分肥大股匪仍不時往來大河南北以爲聲勢被擾之村若韓莊西孫樓北耿莊趙官營喬李莊文寨以及濮陽長垣境並山東荷澤之鄰近村莊無不數被其害雖遊擊隊亦常出發時有捕獲然總未能大加懲創以絕其根源故於六月十三日駐黄莊之守備隊調回宣化而大股匪遂復

入黃莊焉二十二日大名守備隊來是時賊蹤猶未息而時疫流行村民死者哭聲相接也七月十九日匪率二百人攻入葛岡寨中擄去數十人財物數大車至裕州屯又有北來賊百餘人同竄寨中時有第二區暨濮陽菏澤聯合社會數百人於二十日進擊方在酣戰守備隊同游擊隊俱至賊始北去遠竄遺肉票五十餘人社勇陣亡者十二人擊斃賊並生擒者數十人嗣社會時常至各村搜拿陸續捕獲者數十人由是小股亦漸逃散惟獲粗安十四年四月突有土匪數百人自東北來盤踞沙堌堆油樓一帶日食派飯勒索金錢第十區團總糾集團勇進攻互有殺傷團勇陣亡二人賊亦退去十五年東南東北兩面賊氛益熾其間不受騷擾者僅二十餘里耳五月初七日民團在黃莊剿賊陣亡四人六月東南匪首王留成率百餘人突入王菜園村焚燒屋五十餘間擊死村人五名受傷者二人七月該匪首又率衆至李六屯村北會樓焚五營寨村團勇持槍械直入殺賊十餘人救出肉票一人團勇陣亡一人賊復南竄而東北土匪相繼又起佔據黃莊

劉莊等村四出焚掠民多逃避第十區團總糾合數千人在馬廠村圍攻殺賊其衆團勇陣亡三人十六年夏邑境東南與魯豫接壤近處土匪數百人掠擄劫財架票放火無所不至漸入邑之南界如蔡門莊寨北西境之娘子營孟大夫集祥符寨李寨五王莊等村罔不受其蹂躪該處居民稱向王進士屯夏營五營等寨逃避當即聯絡各村民團前往協剿拿獲巨匪陳同樂等四名奪獲快槍手槍各二枝未幾賊又擄五王莊寨約四五百人我團勇復與衆往剿互相攻擊相持一晝夜賊始逝去又佔據山東境之韓集安陵等村大肆焚掠屠殺人烟幾絕東會恐力不能勝因聯合我四區六區各民團萬餘人前往協剿賊知衆寡不敵相率逃竄東南土匪因是寂然至秋東北伏莽又起約千餘人猖獗又甚爲黃莊等村聲言復昔日之仇村民恐慌爭先奔逃第十區民團集合團勇千餘人先行防杜不意爲匪偵知乃乘隙而入沿村放火臨河一帶數十村莊半成灰燼人民叫苦慘不可言團勇陣亡三人又復邀集全境民團往勦賊始畏懼而逝九月有數千

人由東北荷澤西部南擾漸入邑境二區民團截擊昏夜斃賊多名乃衔浙謝集村受傷三人次日亡十七年雖無大股土匪亦時有架票之慫但夜聚明散少則數人多則十餘人尚無暴動行爲十八年五月初俄有股匪一百餘人自西南來槍械充足擁肉票財物五大東閘聚朱堌寺等村經該區長報告薛縣長欲邀集二三四五六各區區長同赴王進士屯議勦復令長垣考城曹縣定陶各鄰封協助定期集合夏營村寨時賊衆更移住大馬王寨內聞信具函自稱俠義軍勿認爲匪等語薛縣長遂整隊進至祥符寨與賊相去三里餘時已昏黑乃進攻賊未敢抗拒乘夜遁去當即搜獲伏匪五人並格殺巨匪姚景雲一名又陸續查拿多名大馬王寨內亦傷一人東南一帶旋慶安堵各處亦不見賊蹤矣

風災

民國八年舊歷四月二日申刻紅風北起如火光滿天倏忽昏黑白晝不能見物三小時始息二麥減收大半十五年六月八日夜大風忽作猛烈異常黃河渡口

中汛高村至下汛黃莊一帶所泊商船沈落一百餘隻約共損失洋三十萬元上
下十七年六月某日朔風突起時黑時紅變化數次登場麥子損失大半農民頗
現菜色

蝗災

民國十七年夏亢旱五月間飛蝗大至田苗嚙食過半繼之蝻蝗復生綿延遍野
村人挖溝驅逐不能制止所有高粱穀禾玉蜀黍等俱被食盡邑之全境不免而
四五六等區爲尤甚勘定成災九分十八年春夏大旱禾苗半枯死二十一年七
月間第六區東境發生蝗蝻逐漸蔓延全區滿地跳躍嚙食田禾村民紛紛報告
區公所及縣政府請求設法捕滅縣府聞訊即派員到區督率民夫不分晝夜捕
打未兆大禍

冰雹

民國二十二年六月一日下午三時瞥見黑雲勃勃自東南來刹那間風雨大作

勢極兇猛直至五時始止風過處花木被風吹折及連根拔出者不可勝數同時
天降冰雹大者如蛋小者如豆他處較輕惟城東郭城寨一帶降落者大如巨棗
歷時一刻有餘此時田間二麥將屆成熟經此一場雹劫多被打毀收成減色

疫癘

民國二十年秋瘟疫盛行一村約十之七八且因此致命甚多至下年春此症猶
未絕本年夏秋間霍亂症亦復劇烈來時甚猛傾刻與致區長多由城內購救急
藥水散放各處服之輒有效

嗚呼天災人禍何代蔑有撫今較昔而知二十年來之創鉅痛深實尼嗎哈幹
離不南徙之後所未見也河之爲患歷古已然在古軫民艱之方深輒平成而
立奏其魚之嗟澤國之嘆不過偶然一時耳乃自民國開幕內閣十餘年左藏
懸罄司農仰屋雖將河之使巡防之倅林立相望而版築不時堤決防潰遂致
十年五決觸目洋洋此水災之有甚於曩日也縣南毗曹考北接濮范荏符之

燹歷代固不免也而民初戊午以還幾於無人不被其災無地不受其刼國家養兵曷啻百萬竭斯民之脂膏供一己之割據請兵之電秦庭之泣百不一應即應矣匪聞風而先遁而元元一殘喘之餘更須索徵賦典鷄犬以供行李之往來逮防軍之驪歌甫奏而背之忽焉逝者又倏然來矣此匪災之有甚于燹日也尙幸民十三之後慨然決心起而自衛如舊第八鄉第五鄉第六鄉第七鄉等之團體百折不撓久而彌堅遂居然殲聚匪之膽奪間諜之魄庚午之亂鄰封如長垣如考城均相繼荼毒而東明屹然雀池是不能不歸功於何紳繁辰及區長楊紳慶新等也益見自求多福之言爲不誣矣至于若旱蝗若疫癘或由于亢陽或鍾於戾氣操自天者人固不得而理之而操自人者又故爲交臂之失宜乎其屢見而踵至也然非一邑一鄉之責也故不贅云

東甌樂語

九一

【嘉慶】東昌府志

（清）嵩山修　（清）謝香開、張熙先纂

清嘉慶十三年（1808）刻本

五行

洪範首五行次五事而庶告以休咎之徵班固漢書因
採董仲舒劉向與子歆發明天人感應之理說如符契
夫神道遠人道邇恐懼修省詩所云敬天之怒無敢戲
豫敬天之渝無敢馳驅是已禹水湯旱盛世不免要在
捍災禦患挽回氣運耳春秋紀災異百二十二聖人垂
戒之意豈不深切著明哉

秦始皇三十六年石隕于東郡

漢文帝十二年河決酸棗東潰東郡金隄 通鑑

武帝元光二年春河水徙從頓邱東南流入渤海夏河

決濮陽氾郡十六

元帝永光五年河決于清河靈鳴犢口 通鑑

建昭二年十一月齊楚地大雪深五尺是歲魏郡太守

京房爲石顯所害 五行志

成帝建始四年河決東郡金隄

鴻嘉四年秋渤海清河河溢 以上本紀

王莽始建國三年河決魏郡泛清河之東數郡 通鑑

王莽末天下旱蝗黃金一斤易粟一斛 並光武紀

後漢光武帝建武二年天下野穀旅生麻菽尤盛野蠶成繭被於山阜人收其利焉 本紀

六年東郡以北水大饑 舊志

明帝永平十七年春正月甘露降於甘陵

十八年牛疫京師及兗豫徐三州大旱

桓帝延熹八年夏四月濟陰東郡濟北河水清

九年夏四月濟陰東郡濟北平原河水清 以上本紀

靈帝中平元年妖草生 舊志

獻帝興平元年自正月至於七月不雨穀一斛五十萬豆麥一斛二十萬人相食本紀

夏東郡蝗三國魏志

魏文帝黃初三年冀州大蝗民饑

五年冀州饑

明帝景初元年冀兗徐豫大水遣侍御史巡行沒溺失產者賑救之以上本紀

元帝景元元年十一月黃龍見華縣井中宋書符瑞志

晉武帝太始四年青徐兗豫大水

五年青徐兗大水以上通鑑
咸寧二年夏四月清河郡靈縣木連理　秋七月壬辰
白麐見魏郡並宋書符瑞志
四年冀兗豫六州大水通鑑
八年荆揚豫徐冀五州大水
東晉元帝太興元年冀徐青三州蝗以上帝紀
成帝咸康二年冀青等六州大旱穀貴金一觔值米二
升石季龍紀
三年夏冀州八郡大蝗石虎紀

北魏太武神𪊨四年山東大水
太平眞君九年山東饑以上本紀
孝文帝延興十三年武城縣獻白雉
太和八年清河郡獻白雉
十九年陽平郡獻白雉以上舊志
宣帝正始四年司州饑通鑑
孝昌三年清河郡木連理舊志
東魏武成帝太寧二年夏四月河濟清
河清四年司州水

北齊後主天統四年自正月不雨至五月

四年饑

隋文帝開皇八年河北諸州饑以上本紀

恭帝義寧元年河南山東大水饑殍滿野死者日數萬

人通鑑

唐太宗貞觀元年夏山東大旱

三年貝州水

六年河南北數州大水

七年九月山東河南三十州大水以上本紀

高宗顯慶元年九月貝州火焚倉庾甲仗民居二百餘家舊志

麟德二年大稔米斗五錢麰麥不列市本紀

元宗開元十年六月河決博州五行志

十四年八月魏州河溢通鑑

二十五年貝州蝗五行志

德宗興元元年秋魏博等州蝗

文宗太和九年河北魏博六州饑以上本紀

宣宗大中十二年八月魏博等州水害稼通鑑

後唐同光三年自六月不雨至於九月唐紀

清泰二年魏博等州水旱民饑山東之民流散通鑑

晉天福四年秋河決博平

七年旱蝗

八年旱蝗以上晉紀

開運二年河北大饑兗鄆滄貝之間盜賊蠭起通鑑秋

七月河決楊劉西入莘縣界廣四十里自朝城北流通鑑

三年河溢歷亭晉紀

漢乾祐元年秋旱蝗有鸜鵒食蝗禁捕鸜鵒漢紀

宋太祖開寶六年七月貝州御河決舊志

太宗太平興國二年三月貝州民田祚十世同居詔旌其門閭復其家

淳化二年大名博貝等州蝗十二月無冰以上本紀

三年六月博州河決城壞徙州治孝武渡西即今理也舊志

至道元年四月貝州獻白鵪鶉舊志

大中祥符四年河決通利軍合御河壞州城田舍

五年知天雄軍寇準獄空詔獎之以上通鑑

仁宗天聖十年四月冦氏等八縣水浸民田舊志

皇祐三年五月恩冀州旱　秋七月河決大名府郭固口

至和二年河決大名館陶以上本紀

神宗熙寧元年六月河決恩州烏欄隄通鑑　河決壞堂邑縣城因徙今治堂邑志

四年七月新隄第四埽五埽決漂溺館陶永濟淸陽以北通鑑

十年夏四月河決自澶汴入御河舊志　七月河大決於

澶州北流斷絕河道南徙東匯於梁山張澤濼分爲二
派一合南清河入淮一合北清河入海通鑑
哲宗元符三年正月壬申恩縣地震恩志
徽宗宣和三年六月河决恩州清河埽本紀
高宗紹興十四年正月樂平水關通鑑
金貞元十三年恩縣西五里產嘉禾一莖三穗立嘉禾
碑繪圖刻石恩志
元世祖至元元年十月恩州歷亭縣進嘉禾一莖九穗
高唐博州大水

五年恩州高唐大水

六年東昌路饑

十四年冠州水

十八年高唐等縣蝗害禾以上本紀　五月辛丑御河溢入
會通渠漂東昌路民廬舍齊志

二十二年夏四月恩州等處蝗災

二十六年御河溢入會通渠漂東昌民舍　秋東昌等
處蝗以上本紀

二十七年八月御河決高唐沒民田齊志　河北十七郡

蝗本紀

二十九年三月恩州屬縣霜殺桑舊志　閏六月東昌路

蝗

三十九年九月恩州水以上本紀

成宗天德四年館陶產嘉禾一莖六穗舊志

七年五月東昌蟲食麥恩州高唐霖雨以上本紀

九年六月河決東昌博平堂邑二縣舊志

武宗至大元年五月東昌蝝

三年四月茌平高唐等縣蝗

四年高唐州水　恩州霖雨傷稼

仁宗延祐元年三月東昌等路隕霜殺桑

六年六月東昌高唐諸處大水

七年八月堂邑縣蝻以上本紀

英宗至治元年高唐等處水害稼高唐志

二年二月恩州水民饑疫

泰定帝元年九月高唐及諸衛屯田水

致和元年夏四月東昌冠州饑

文宗天歷二年高唐州有蟲食桑如枯株山東大饑

冠州旱
至順元年館陶高唐恩州饑　四月高唐州屬縣蟲食桑葉盡　五月高唐冠等州蝗　高唐水
二年冠州有蟲食桑四十餘萬株　五月東昌路高唐州有蟲食桑　六月東昌諸路屬州縣水
三年三月東昌路有蟲食桑
順帝三年六月御河溢没人畜廬舍甚衆以上本紀
四年春三月大雨雹舊志
六年八月清平縣饑

至正四年東昌饑
七年十二月東昌恩州高唐等處饑
九年七月乙卯大霖雨水没高唐州城以上本紀
二十四年雨土七晝夜深七八尺牛畜盡没死博平志
明成祖永樂四年博平縣麥秀兩岐
代宗景泰七年秋雨淋霪潟河泛漲漂没禾稼屋廬博平志
憲宗成化五年博平大旱博平志
七年秋有龍入西郊村民曹林家抛擲碓磑於田野又

見神人自室鑄入厲聲呼曹林林懼自覆於甕中獲免博平志

九年七月河決饑甚人相食冠志

十年春大饑

十一年二月十一日酉時暴風揚沙折木自井堂寺側火起須臾官民廬舍延燒幾盡至五更方熄

十四年六月大雨田禾淹没永清大有二門俱傾圮舟楫出入城中歲大饑以上莘志

十五年秋大水平地深尺餘禾稼淹没殆盡冠志

十九年大饑舊志
二十年旱人相食堂邑志
二十一年大饑人相食舊志
孝宗宏治五年旱大饑疫斗米百錢聊城志
六年秋河決陸地行舟博平志
十年三月隕魚於市恩志
十四年秋河水決舊志
十五年高唐地震如雷壞官民廬舍高唐志　漳水決魏縣北注館陶舊志

十六年九月地震如雷多壓死者堂邑志

武宗正德二年秋蝗蝻害稼　十二月大雪平地數尺

擁門塞巷穴之以出人畜多凍死者

四年夏黑眚見邑人震怖夜然燈燭引刀劍自衛亦有

與之格鬬者二旬餘始定以上博平志

七年民訛言有妖黑色不辨眉目爪入如針痕流黃水

而死每夜金鼓之聲達旦恩志

十二年秋潦冬無氷

十六年秋大水以上堂邑志

世宗嘉靖二年大風霾雨赤沙自正月至六月不雨無麥禾　三月大風霾雨紅沙日暗　夏秋旱民多餓殍以上博平志　八月隕霜殺稼堂邑志

八年御河決漂没館陶居民田廬館陶志

九年五月飛蝗自兗郡所過無遺稼北至莘知縣陳棟齋沐詣邑人禱於八蜡神忽黑蜂滿野嚙蝗盡死既而雷雨交作蝗盡化爲泥田禾不傷莘志　六月初十日大風拔木撤屋博平志　夏大雨雹堂邑志

十一年五月茌平雹大如盌茌平志　自三月不雨至六

月蝗起八月潦堂邑志　六月四日夜半有流星大如月
自北向東南墜白氣如烟茌平志
十五年山東災本紀　十月九日夜地震恩志
二十年三月十日晝晦　十月三日震電以上堂邑志
二十三年民間訛言有響馬賊拒捕格傷官軍縣選民
間成丁者守城丁出磚石灰瓶有差門用土實塞月餘
方定至三十二年亦如之恩志
二十四年大有年高唐志
二十五年山東災本紀

二十六年二月七日地震舊志　隕霜殺麥博平志　三月災沂橋燒民廬千楹堂邑志
二十七年冬大雪祁寒井泉亦有凍者博平志
二十八年三月十八日雨雹大者如盌　九月二十三日地大震堂邑志　恩縣學東射圃隙地産麥一莖二穗至五穗者恩志
二十九年旱多風四月初九日黑風蔽日如夜五月四日亦如之麥盡傷舊志
三十年衛河决壞民廬稼館陶志　十一月二十五日戊

時地震高唐志

三十一年衛河復決水聲如牛數日河遂東徙

三十二年秋河决大饑以上館陶志

三十四年冬地震博平志　茌平縣甘露降於趙維新家茌平志

四十年夏井泉湧池水俱溢博平志

四十五年夏六月城西北氷雹大如鵞子禾麥無存傷人至死恩志

穆宗隆慶二年十二月三日大雨詰旦木氷損林木殺

宿鳥博平志

三年春博平等處白雀羣飛　閏六月衛河决館陶舊志

夏蝗飛蔽日後蝻生遍野傷禾殆盡冬無氷恩志

六年夏大水

神宗萬歷三年夏雨雹暴風拔木以上博平志

六年五月二十九日崇武驛雷震殺男子一人舊志

七年正月八日大氷　八月二十三日大雨雹津期店

東北諸村屋瓦皆碎九月二十一日又雨雹恩志

九年十月十五日夜多火光吹面如暑

十年大疫以上舊志

十一年雨雹大如盌皆龜甲旋螺之形　三月三日大風隕魚恩志

十二年四月一日甘露降於恩縣麥秀兩岐舊志

十三年春大旱堂邑志

十四年山東災本紀　春夏大旱盜起民逃斗米百錢聊城志　大疫堂邑志　八月十七日隕霜殺蕎菽歲大饑博平志

十五年大旱舊志　春大饑博平志

十八年三月三日大風霾雨紅沙日暗博平志

十九年夏六月蝗濮志　大水莘志

二十一年閏十一月晝晦堂邑志

二十二年春三月城西北有雹形如鳥卵麥苗多傷

夏四月又雹傷麥恩志　四月有氣自南來其熱如炙衛

葉盡捲冠志　夏冠縣雨雹如盌舊志　八月地震甚博平志

二十五年八月地震博平志　八月甲申水溢舊志

二十七年正月聊城等地方有狼徧野舊志　五月蝗博平

志

二十八年大饑舊志

三十二年大風拔木博平志

三十三年夏六月蝗堂邑志

三十五年山東旱饑本紀衛河決館陶志

四十一年大水自莘縣堂邑流至館陶東北楊兒莊入大堤西歸衛河館陶志

八月八日午時星隕東南者三一離城三里許入地丈餘重四十八觔一五里許重十觔一七里許重九觔俱堅如鐵石堂邑志

四十二年旱蝗莘志

四十三年大饑人相食斗米百三十錢

四十五年九月隕星三時府庫高尺餘如鐵黑而明

四十六年十月初四日四更時有白氣自東向西漸漸消去每夜如此半月方止　十一月初一日三更天鼓鳴三聲東北落一星大如斗

四十七年九月初九日天鼓鳴

熹宗天啟元年旱蝗　以上堂邑志

二年三月地震有黑風起　茌平志

五年二月黑風晝晦　堂邑志

莊烈帝崇禎三年五月雨雹

五年五月雨雹八月又雨雹以上茌平志

八年三月十日晝晦

十四年春不雨斗米千錢糠粃亦斗值百錢盜掘食新死人至父子相食夏大疫死者相枕秋蝗起人死者十八九有鼠千百成羣食禾苗立盡以上堂邑志

國朝順治元年三月不雨至七月秋稼至十月而實聊城志

二年春夏無雨至六月始雨歲大饑

五年大雨淹禾以上恩志　五月大雨雹館陶志

七年夏旱秋九月河決荆隆口潰金隄衝漕河水入東昌城內西南角房屋陷沒至十二年冬始消典史陳國祚設法洩兩坡之水入運河志聊城 地震志堂邑

八年河決志博平 五月茌平産靈芝於文廟之屋梁茌平志

九年正月三更自西南有赤光大如碟盤聲如水鴨飛狀往東北而去 五月五日雨雹大如雞卵禾刈之麥一空恩志

十年河決金龍口氾莘及聊城莘志 五月八日夜大風

雨雹拔樹文廟柏拔二株　八月地震館陶志

十一年八月初五日地震次日又震在平志

十四年三月初五日隕霜

十五年四月隕霜殺麥　六月霖以上高唐志

康熙二年大有年麥每斗三分聊城志

三年四月隕霜殺麥博平志

四年大旱

六年六月蝗

七年六月地震民居壞十之四五以上堂邑志

九年旱高唐志

十三年旱恩志

二十三年夏大水衛決曾家隄口莘志

二十五年衛河決恩志

二十八年旱

二十九年旱蝗

三十一年五月大風拔木發屋

三十七年夏大水

三十九年大水無麥秋又大水

四十年旱

四十一年夏四月二十八日大雨雹城東樹木折傷麥禾盡壞秋漕河決

四十二年夏五月大雨饑人相食以上舊志

四十三年春大饑秋大疫堂邑志

四十四年五月黑風拔木晝晦恩志

四十六年麥穀歧穗茌平志

四十八年春夏風霾大作黃沙蔽天麥禾枯舊志

四十九年高唐瑞穀雙歧多至三四穗者高唐志

五十一年春二月十一日大風霾黃沙蔽天十五日復風霾黃霧四塞

五十二年春旱

五十三年正月二十八日夜有黑風自西而東大風不雨無麥

五十四年秋河決曾家隄口

五十五年夏五月霖雨漳水決以上莘志 六月水決河防恩志

五十九年四月初十日流星自西南來聲如雷震隕石

三　大旱無麥　六月初八日地震以上恩志

六十年旱饑通志

雍正元年夏大旱四月黑風蔽日麥禾俱傷

二年河決陸地行舟

三年秋大水衛河決以上恩志

四年二月館陶縣民徐來振妻一產三男館陶志　秋大水舊志

八年大水衛河決

九年秋大水以上舊志

乾隆元年建莘縣壽民王加有百七歲坊

二年秋衛河決

四年衛河決

六年旱

八年大旱

十二年饑

十三年大疫

十六年秋大水

十七年夏蝗

二十四年蝗蝻害稼

二十六年秋八月衛河决禾稼盡沒

二十七年大水

二十八年秋蝗

二十九年秋蝗

三十一年春大風拔木　夏秋霖雨衛河决陸地行舟

三十二年秋大水

三十三年秋蝻蝗生

三十五年秋大水．八月蝗

五十八年夏蝗秋大水饑以上舊志

五十年聊城縣壽民張羽年逾百歲五世同堂給昇平人瑞匾額

五十五年秋霖雨水及郡城　聊城縣壽婦王篤湯妻姜氏年逾百歲五世同堂給貞壽之門匾額

五十六年聊城縣生員李元鎧妻壽婦魏氏年逾百歲事舅姑克敬相夫子無違給貞壽之門匾額

五十七年秋禾被旱

五十九年秋霖雨衛河漫口

嘉慶元年秋黄河漫口淹及臨清衛屯莊

嘉慶二年秋黄河漫口淹及臨清衛屯莊　東昌衛壽民扶珍年一百一歲

聊城縣壽民李世德一百歲　賜九品衔得與千叟宴

聊城縣劉立德妻王氏年一百歲生於康熙四十七年正月十七日年二十九夫亡撫育孤子長詞早卒次誂年七十二孫二曾孫四

嘉慶八年秋河决衡家樓漕河漲溢

【宣統】聊城縣志

（清）陳慶蕃修　（清）葉錫麟、靳維熙纂

清宣統二年（1910）刻本

戰國

秦莊襄王元年燕將保聊城齊田單攻之不下魯仲連遺燕將書燕將見書泣三日歎曰與人刃我寧自刃乃自殺聊城亂田單遂屠聊城

秦王政六年拔衛廹東郡史記

始皇三十六年石隕于東郡

二世三年十月沛公攻破東郡尉於城武漢本紀

漢

高祖十一年陳豨將張春攻聊城漢使將軍郭蒙與齊

將擊大破之史記本紀

孝文帝十二年十一月河決酸棗東潰東郡金隄通鑑

孝成帝建始四年河決東郡金隄

永始三年十二月山陽鐵官徒蘇令等攻殺東郡太守

汝南太守嚴訢捕斬令等本紀

後漢

光武帝建武二年檀鄉賊起茌平寇魏郡清河遣吳漢

擊之又使王梁杜茂安戢魏清河東郡悉平通鑑

六年東郡以北水大饑舊志

桓帝延熹八年夏四月東郡河水清

九年河水清自東郡至濟北國

孝靈帝中平元年夏六月詔皇甫嵩討東郡黄巾本紀

六年東郡太守橋瑁詐作京師三公移書與州郡陳董卓罪惡企望義兵解國患難通鑑

孝獻帝初平元年山東州郡皆起兵討董卓袁紹爲盟主兖州刺史劉岱東郡太守橋瑁以兵會屯酸棗諸軍食盡衆散劉岱殺瑁以王雄領東郡太守通鑑

白波賊寇東郡本紀

二年孫堅討董卓遣東郡太守胡軫督步騎五千擊之爲孫堅所敗梟其都督華雄通鑑

二年袁紹圍東郡執太守臧洪洪不屈見殺後漢書

三年袁紹表操爲東郡太守治東武陽通鑑

青州黃巾擊殺兗州刺史劉岱東郡太守曹操大破之本紀

興平元年夏東郡蝗三國魏志

建安五年二月袁紹遣郭圖等攻東郡太守劉延於白馬操救延趙白馬擊之斬其將顏良三國魏志

晉

孝惠帝光熙元年東萊惤令劉伯根反自稱惤公襲臨菑高密王簡戰敗奔聊城帝紀

孝武帝太元九年燕慕容垂進兵屯聊城之逢關陂

南北朝

東魏孝靜帝武定元年六月東郡民獻白烏

隋

煬帝大業二年宇文化及自江都舉兵至博州竇建德攻陷其城殺化及建德遂據其城竇建德傳

唐

高祖武德元年隋臣鄭善果從宇文化及至聊城督戰竇建德克聊城獲善果通鑑

則天后垂拱四年博州刺史琅琊王冲令募兵分告貝

州刺史紀王慎並諸王各趣神都以討武后
瑯邪王沖引兵擊武水武水令郭務悌詣魏州求救莘
縣令中道邀沖恐不敵入武水閉門拒守沖焚其南
門因風回軍不得入沖斬董元寂以徇眾懼而散沖
還走博州爲守門者所殺
武后令左金吾將軍邱神勣討諸王神勣至博州官吏
素服出迎神勣盡殺之凡破千餘家以上通鑑
元宗開元十年六月河決博州五行志
十二年八月博州大水
代宗廣德九年魏博節度田承嗣誘朝義將吏使作亂

十四年二月魏博節度田承嗣薨以其姪田悅爲魏博留後田悅叛李再春以博州來降

德宗興元元年秋博州蝗

憲宗元和十年魏博節度使田宏正奏請討王承宗

十一年二月進討王承宗魏博奏敗

穆宗長慶元年魏博節度使田布將全將討王庭湊布軍大潰

三年正月田布伏劍卒詔以史憲誠爲魏博節度使

文宗太和元年七月兗海節度使李同捷不受詔魏博節度使史憲誠密以糧助之

二年十二月李同捷遣人說魏博大將元志紹使殺
憲誠父子取魏博志紹遂作亂
三年元志紹降潞之洺州帝乃遣使賜史憲誠旌節
至魏州憲誠將行爲其軍所殺
九年博州饑以上本紀
武宗中和二年以魏博留後樂行達爲魏博節度使
宣宗大中十二年八月博州水害稼通鑑
昭宗乾寧三年魏博羅宏信敗太原軍於莘縣十二月
李克用縱兵俘剽魏博諸郡邑
光化三年正月魏博節度使羅紹威殺其衙內親軍八

千人是月魏博衙外兵五萬自歷亭還分據貝博等州

五代

梁太祖乾化元年晉將周德威攻博州破東武朝城後唐紀

梁主瑱貞明元年晉王出師屯博州劉鄩軍莘邑周德威攻之不克

四年晉王發魏博白丁三萬從軍以供營柵之役

後唐

末帝清泰二年博州水旱民饑

後晉

高祖天福元年楊光遠克博州晉紀

孝出帝開運元年博州刺史周儒叛降於契丹晉紀

宋

太宗淳化二年博州蝗十二月無冰

三年六月博州河决城壞徙州至孝武渡西即今理也舊志

哲宗元符三年博州地震

徽宗大觀二年八月芝生於武水講武亭

高宗紹興三十一年金人渝盟博州王友直起兵自稱

河北安撫制置使

寧宗嘉定十三年元太祖十五年三月元東平元帥府

總領提控蒲察山兒破紅襖賊於聊城舊志

金

海陵王貞元二年正月博州同知遙設等謀反伏誅金史

元

世祖至元元年東昌饑

十四年六月東昌路大水

仁宗延祐元年三月東昌路隕霜殺桑

六年六月東昌路大水

英宗至治元年東昌路大水
泰定帝泰定元年九月諸衞屯田水
致和元年夏四月東昌冠州饑
文宗至順二年六月東昌諸路屬州縣水
三年三月東昌路有蟲食桑
順帝至正四年東昌饑
六年盜掘李海務閘刼奪商旅元史
十五年五月大雨雹
十七年九月命太尉紐的該守禦東昌時田豐據濟
濮率衆來寇紐的該擊走之

十八年二月紐的該以乏糧棄走田豐隨東昌路

二十一年元將察罕帖木兒平東昌田豐殺元將察罕帖木兒明紀

二十三年東昌路大旱

明

惠帝建文二年十二月燕兵薄東昌盛庸擊敗之斬其將張玉明日復戰又敗之燕兵走館陶盛庸檄諸屯軍合擊燕絕其歸路

英宗正統六年濮州韓氏謀逆伏誅遷東昌衛一所備禦舊志

代宗景泰七年秋雨淋霪潤河泛漲漂沒禾稼屋廬

憲宗成化元年濟豐賊馬鳳等刼掠東昌尋縛之舊志

十五年秋大水平地深尺餘禾稼淹沒殆盡

十九年大饑舊志

二十一年大饑人相食舊志

孝宗宏治五年旱大饑疫斗米百錢舊志

五年東昌府旱

十四年秋河水決舊志

世宗嘉靖元年青州盜起流刼東昌臨濟指揮楊浩死

之千戸楊鸞避賊詔逮治臨濟志

二十六年二月七日地震舊志

二十九年旱多風四月初九日黑風蔽日如夜五月四日亦如之麥盡傷舊志

四十年四月晝晦赤光南下如電

穆宗隆慶三年七月東昌大水

神宗萬歷二年五月二十九日崇武驛雷震殺男子一人舊志

九年十月十五日夜多火光吹面如暑

十年大疫

十四年春夏大旱盜起民逃斗米百錢舊志

十四年十二月府卒郭大謀反伏誅其黨洶懼推官劉芳譽焚其獄簿衆乃定舊志

十五年大旱舊志

十九年夏六月蝗舊志

二十五年八月甲申水溢舊志

二十七年正月有狼徧野舊志

二十八年東昌府大饑

二十八年大饑

熹宗天啟二年二月東昌府地震

懷宗崇禎十二年東昌大旱饑

十五年豕生豝一首二尾七蹄

國朝

順治七年夏旱秋九月河決荆隆口潰金隄衝漕河水入東昌城內西南角房屋陷没至十二年冬始消典史陳國祚設法洩雨坡之水入運河舊志

十年河決金龍口汎莘及聊城莘志

康熙二年大有年麥每斗三分舊志

四年東昌大旱饑

二十八年旱

二十九年旱蝗

三十一年五月大風拔木發屋

三十七年夏大水

三十九年大水無麥秋又大水

四十年旱

四十一年夏四月二十八日大雨雹城東樹木折傷

麥禾盡壞秋漕河決

四十二年夏五月大雨饑人相食

四十八年春夏風霾大作黃沙蔽天麥禾枯舊志

雍正四年東昌屬大水

八年東昌府大水

九年秋大水

乾隆六年旱

八年大旱

十二年饑

十三年大疫

十六年秋大水

十七年夏蝗

二十四年蝗蝻害稼

二十七年大水

二十八年秋蝗

二十九年秋蝗

三十一年春大風拔木

三十二年秋大水

三十三年秋虸蝗生

三十五年秋大水八月蝗

三十六年夏蝗秋大水饑

三十九年秋九月壽張賊王倫黨邑賊王聖如陷堂邑犯鄆城　關帝顯聖驚走之

五十五年秋霖雨水及鄆城

五十七年秋禾被旱

嘉慶八年秋河決衡家樓漕河漲溢
道光二十八年大水漫城
咸豐三年豐縣黃河漫口穿入運河漕船停滯
四年髮逆李開方林鳳祥犯東境郡城戒嚴高唐州
失守
十一年土匪宋景詩犯境郡城戒嚴東關失守焚掠
殆盡
同治元年東關修土圩成
三年十月二十一日戌時有大星如毬尾帶火光數
尺由東北向西南落去須臾聞天鼓聲屋瓦皆震紙

窗藪藪作響遠近聞之

七年三月二十五日捻匪張宗愚突自西來鄉民被掠匪蹤大股由城南三里至李海務而東竄

光緒二年丙子大饑

七年大水自是每年大水十六七年尤甚水與隄平不沒者僅三寸隄根滲漏日夜堵築防護始獲平穩西南幾成巨浸往來必以船渡行人苦之至二十五年水患始息

（清）盧承琰修　（清）劉淇纂

【康熙】堂邑縣志

清光緒十八年（1892）重刻本

災祥第二十五

漢文帝十二年十一月河決東郡

武帝元光三年河決濮陽氾郡十六

成帝建始四年河決館陶東南流東郡金隄皆被

害

漢光武建武六年東郡以北大水民大饑

延熹九年四月濟陰東郡濟北平原河水清

晉永和八年姚襄攻陽平發干皆破之殺掠三千餘

家

隋仁壽二年河南河北諸州大水

大業五年燕代齊魯諸郡饑
唐開元十年六月博州棣州河決
大中十二年八月魏博等州水害稼
宋熙寧元年河決壞縣城因徙今治舊志云如此按
宋書河渠志熙寧元年河溢恩州當是自恩而南
並受河患故縣城敗也是時魏博恩冀數被河患
朝廷之上為之旰食足知城西故瀆非馬頰矣
明成化九年旱二十年旱人相食
宏治五年旱六年大疫死者相枕十六年九月地
震聲如雷多壓死者

正德十二年秋潦冬無氷十六年秋大水
嘉靖二年春晝晦秋旱三年春大饑道殣相望七
年蝗害稼八月隕霜殺稼十年夏大雨雹十一年
春三月不雨至於六月蝗起八月潦
萬歷七年二月晝晦十三年春大旱剝榆掘草根
以食十四年大疫二十一年閏十一月晝晦二十
八年春饑三十二年十一月雨木氷三日夜巳而
大風拔木三十三年六月蝗七月蝻害稼三十五
年春旱秋大雨没廬舍三十七年五月蝗七月蝻
害稼三十八年春正月不雨至於夏五月

崇 十三年大旱野無青草盜賊並起冬人相食
十四年春又不雨斗米千錢糠粃亦斗直百錢盜
掘食新死人至父子相食夏大疫死者相枕秋蝗
起蔽天人死者十八九井里蕭然
國朝順治四年十月四日夜土寇竊攻陷城七年八
月水潦大至縣東西二隄之外幾成巨浸田沒四
分之一十年八月地震
康熙三年十一月彗星見齊魯分野四年大旱
特旨蠲租遣內臣出賑全活甚衆六年六月蝗七年
六月地震民居壞十四五三十七年大水三十八

年大水殘無遺田三十九年大水無麥秋又大水四十年旱四十一年大水四十二年自五月雨至於六月田禾盡没民大饑不逞之徒蠭起數十人百人圍擁稱貸否者即縱掠郡伯朱公立置數人於法乃止四十三年春大饑米麥斗皆四五百錢轉徙賣妻子者載路於時

特旨截留南漕減價以糶尋

發內帑金遣八旗官分賑民賴全活秋大疫死者相枕自四十二年至四十四年丁地正賦全免而三年之漕臨二米諸項並於四十四年秋後全徵民

未病之
吾家中壘作五行傳一切災沴悉推本於五事其引
證牽合不免附會然而董子固云善言天者必有驗
於人其又非影響之論矣近者四十二年山東州縣
所在疹疫至今言之心悸其他省州縣地犬牙錯者
即登歉殊別豈非異哉向非
聖人璇幾獨斡曲賜生成則蕩蕩舟流將於何屆自
是以來大抵半稷元氣頗未復也其在於今遂復百
穀用成萬品咸利然則天之所以答
聖人者豈其罔哉豈其罔哉

【道光】博平縣志

（清）楊祖憲修　（清）烏竹芳纂

清道光十一年（1831）刻本

天道三

禨祥考

易曰天垂象見吉凶而知變不虛生祥由德致然或祥未必應而災反多驗者何也人之不善於承天也天以怒人者愛人人即當以畏天者承天桑不爲妖穀亦非祟已然之效可槩見也當事幸留心焉

明永樂間池隍平瀾周圍邑人咸懇之以種麥及穎秀時彌望俱兩岐之祥若是者殆累歲

景泰七年秋雨淋霪渭河來自濮陽大水泛漲漂没禾稼屋廬甚苦墊溺

成化五年大旱　六年春大饑　七年秋有龍入西郊村民曹林家施風振躍拋擲磓磺於田野又見神人自室踔入厲聲呼曹林林懼自覆於甕中獲免　九年旱　十年春大饑　十六年漕河大決

宏治五年旱　六年饑瘟疫大作人死者十之三秋河大決陸地行舟　十四年秋河又決九月十七日地震

正德二年秋蝗蝻害稼十二月大雪平地數尺擁門塞巷穴之以出入畜多凍死者　四年夏黑眚見邑人震怖夜燃燈燭引刀劍以自衛亦有與之格鬬者二旬餘始定　六年秋巨寇楊虎攻城弗克　十四年冬大雪來年地震數日古老云正德年間雖經寇亂却年豐穀賤

嘉靖二年三月大風霾雨紅沙日暗　夏秋旱饑民多餓殍　三年三月大風霾雨紅沙晝晦　夏秋大熟　七年飛蝗害稼　十一月朔養濟院災

十年六月初十日大風拔木撤屋大雨雹　十八年二月二十二日天鼓鳴　二十年秋大蝗令民捕蝗易粟民有病瘧傷寒既愈者驟爲南音數年不變　二十一年春饑冬大霧旬餘木稼　二十六年春隕霜殺麥　二十七年冬大雪祈寒井泉亦有凍者　三十年秋河決　三十一年秋又決平地水深數尺禾稼蕩然民居漂溺舟楫遍野者彌月　三十二年三年俱饑秋河俱決　三十四年冬地震　三十五年夏龍入西郊田氏家撤毀

屋廬擲弄器物蹺其老婦一人　三十七年風雨拔木　三十九年春大旱秋大蝗令民以蝗易粟出官粟幾千石　四十年春饑夏井泉與湾池水忽然俱溢

隆慶二年十二月初三日大雨詰旦木冰損林木殺宿鳥　三年秋白頭雀羣飛於田野蝗不爲災

萬歷三年夏雨雹暴風拔木　四年十二月十四日城隍廟災　九年大風雨毀傷林木　冬無冰

十年大頭瘟疫盛行　十一年八月雨雹大如盌

盜　十四年春夏大旱盜起民逃　八月十七日隕霜殺蕎與菽歲大饑荒民掘草根剝木皮取蕎梗槐角子杵以爲食　十五年春大饑多殍　十八年三月三日大風霾雨紅沙日晡　三十四年大水　四十三年大饑

崇禎十三年土寇四起境內蕭然　十四年春大饑人相食　夏瘟疫盛行有全家盡絕者死傷十分之四　十六年城破

清順治三年土寇攻城不克　七年十月黃河水決

八年十年再決霪雨不止陸地行舟　十一年八月初五日地震　十一年飛蝗遍野蜂嚙蝗死

康熙三年四月隕霜殺麥　十年秋禾被災　十一年秋禾又災　二十三年秋禾被旱傷損　四十二年秋大水禾被淹　四十七年秋禾被旱

雍正八年秋禾被水淹澇

乾隆二年秋禾被水傷損　四年秋禾被水淹損　二十六年災旱　二十七年復災　三十一年運河決口漂没水次倉平地水深數尺　四十三年

全境被旱　五十一年春大旱各處瘟疫人死無數　五十五年夏五月霪雨至七月十五日止

嘉慶六年運河決口浸淹禾稼　七年飛蝗入境西北鄉蝻子生發　九年秋河水北流擁絕官道斷阻往來行人　十年春三月隕霜殺麥　十二年春黄風一晝夜方止　十六年春大旱秋禾被虫殘食　十七年全境被旱　十八年二麥被旱詳請賑濟三四兩月粥賑六七兩月口糧八月間大雨至九月初方止　十九年除夕大雪至二十年

初一日巳時方止是年麥秋豐收秋瘧疾大作
二十二年春運河水勢驟漲朱家灣官堤蟄陷三尺餘秋禾全境被旱　二十四年冬十二月大雪三晝夜方止平地積深四尺餘
道光元年四月初一日日月合璧五星連珠夏六月霍亂病作人死無數　二年夏五月日套三環霖雨不止秋運河決口平地水深四五尺六七尺不等陸地行舟　三年夏六月西南鄉蝻子生發東北鄉飛蝗停落　四年春三月蝗蝻復生北鄉東

鄉間有蝻動　五年春二月黑風一晝夜方止秋禾全境被旱　六年春三月黑風黃風一夕二麥被剖一粒未獲　九年冬十月二十二日地震十年夏又四月二十二日地震冬十一月天鼓鳴

論曰古今言灾祥者率祖洪範與春秋傳如董仲舒劉向京房詳哉其言之矣乃鄭樵通志則又謂休咎皆不可以灾祥論而獨歸於和氣致祥乖氣致異其說甚正余竊謂奇奇怪怪何所不有一草一木之變一風一霜之異固不可執爲禍福然亦

有應若影響者大率德昌則災反爲祥德穢則祥
反爲災古來蝗不入境猛虎渡河葢德能勝之耳
誠使吏廉民淳徭輕刑簡又奚水旱盜賊之足患
哉

【光緒】博平縣續志

（清）李維誠纂修　（清）王用霖、彭寶銘續纂修

清光緒二十六年（1900）刻本

禨祥附

咸豐元年六月彗星見西北　二年秋禾被水　六年五月彗星犯虛危閒光芒甚長　七年秋大有年　十一年彗星見西北

同治元年五星聯珠　四年旱秋禾烖　八年春大旱歲飢　十三年旱蟲烖六月彗星見

光緒元年旱有蝗　二年旱　三年旱　四年歲大飢春斗粟千錢夏無麥人乏食至秋大熟人多疾疫　八年旱秋禾烖　十年秋大水　十三年六

月聊城減水閘東北溢七月吳家口決博平西南鄉水深四五尺陸地行舟　十四年夏麥大穫七月七里河由李家口漫溢　十五年五月地震歲飢　十七年蝗　十八年秋禾大熟有蜚不為災　二十一年七里河由鄭家橋決漫溢城下　二十二年夏旱冬大雪　二十六年春夏大旱六月望始雨太白晝見旬餘而隱

【民國】茌平縣志

牛占誠修　周之楨纂

民國二十四年（1935）鉛印本

天災

天不為災有之亦人力自為之也地無溝渠以資灌溉則無以救旱天雨過多無地宣洩亦自成災水旱之災完全在乎人力財力之救急預防天安能救之防之哉諺曰天災者亦以人民昧於科學常識不得諉諸天命耳蝗本為災然殺蝗有葯捕蝗有術掃除其幼虫有時若任其繁殖迨其已長諉曰天災豈天之過歟榜曰天災者亦本習俗姑妄言之耳

漢

桓帝延熹八年四月河水清 根據本紀

齊

濟南五一美術印刷社承印

武平四年大飢根據本紀

唐

太宗貞觀元年大旱根據本紀

七年大水根據本紀

宋

明道二年大饑人相食汴京失守民聚爲盜人民䵷乾屍以爲糧根據舊志

元

武宗至大三年四月蝗蟲生根據本紀

明

代宗景泰七年三月黃河溢 根據舊志

武宗正德三十一年漕河決陸地行舟 根據舊志

十一年天雨雹大如盌 根據舊志

六月初四日夜半有流星大如月自北向東南墜白氣如烟 根據舊志

四十三年大饑 根據舊志

熹宗天啟元年大旱樹頭生火百葉零落人多遷徙至七月間始雨城北馬莊廟碑發見 節錄碑志

二年三月地震有黑風起 根據濟寧府志

崇禎三年五月天雨雹 根據舊志

濟南五三美術印刷社承印

五年五月天雨雹八月又大雨雹（根據嘉慶府志）

十四年大饑蝗蟲徧野瘟疫橫生死者十之九赤地千里人相食（根據舊志）

清

順治六年五月黃河決七年河再決

十一年六月黃河決村墟漂沒徧野舟行八月初五日地震次日地復震（根據舊志）

康熙元年七月初七日夜四更忽有聲自西來瓦屋皆震（根據舊志）

三年十月彗星見（根據舊志）

四年大旱蠲免本年錢糧（根據舊志）

七年六月地大震聲自西北來恍若舟浮水面掀搖屋舍多有傾圮者 根據舊志

九年十二月聞雷大雪間有僵死者菓木凍折 根據舊志

四十一年秋漕河水決 根據舊志

四十二年夏河復大決舟行陸地一省告饑多有鬻妻賣子者人相食蠲糧免逋官截漕以賑 根據舊志

四十七年大旱兼蝗 根據舊志

四十八年淫雨兩月牆屋傾倒無算 根據舊志

雍正元年四月旱 根據舊志

乾隆八年旱 根據舊志

濟南五三美術印刷社承印

五十一年又旱根據舊志

五十五年大水根據舊志

五十七年旱根據舊志

九年十月二十二日夜地震根據舊志

十年閏四月二十二日地又震不爲災根據舊志

咸豐元年黃河決邑南大水秋稼漂沒根據舊志

同治三年大水根據舊志

九年旱大疫蟲傷不稼根據舊志

十年麥大熟秋霪雨八日根據舊志

光緒二年旱至閏五月十七日始雨二十七夜大雨有秋根據舊志

三年大旱歲饑 根據舊志

十四年五月初四日地震秋多痧症醫藥不及死者無數城市尤甚人畏傳染不敢通慶弔 根據舊志

十五年大旱歲祲糧米價昂 根據舊志

十六年久雨廬舍圮傷稼 根據舊志

十七年蝗蟲徧野傷禾稼殆盡 根據舊志

十八年蟲傷稼歲大祲 根據舊志

二十年秋每至日落赤雲如火 根據舊志

二十四年黃河漫溢漂沒田廬人畜流亡不可勝計是年清明天聲告警是年六月二十四日黃河決於東阿香山之南茌

濟南五三美術印刷社承印

平適當其衝水之洶湧高阜處亦深數尺南北官道以東盡成澤國廬室財產漂沒殆盡人多巢居又窘於陰雨連日時行人民炊斷衣襟俱濕飢寒交迫有數日不得一食者爲期復長直至中秋後乃漸消減雖有賑濟而杯水車薪全活幾何幸未被水之區收穫尚豐稍可挹注然其被災之苦實空前絕後矣

光緒二十六年之天災

是年正月初二日大雪徧地冰似人頭秋又大旱月色無光

光緒二十七年之風

是年春仲二月中黎明東北狂風大作飛沙走石始黃色天地

昏黃不辨東西巳刻忽變爲紅如霞赤霧彌滿繼以黑色白晝如昏夜罔識徑途室中非燭不見至更餘方息吹折棟宇屋瓦房舍不可數計是日行人有吹沒於百餘里之外者至三月初又復如是田間麥苗有帶根吹沒者有被塵土掩埋至數尺深者亦大災也

三十三年熒惑入斗

宣統三年除夜之雪及初夏之凍

是年除日辰刻即雨雪抵午愈甚至夜則大作及明啓門門外雪深四五尺不能出戶平原如玉山矗立隔斷村墟途溝深丈餘抵正月杪路上尚無行人至三月中甫立夏麥方秀齊忽奇

濟南五三美術印刷社承印

冷氷凍麥幾死而復蘇老農有云從古麥無凍死者今雖凍無
傷也後果然雖有甚凍而死者乃更生穗所獲雖少遜而較諸
宛然無恙者亦不大懸殊間有以繩振落其凍者更無礙間有
剷去更種他禾者後乃悔之矣
宣統三年秋太白晝見
民國九年大旱無麥
十年大雨全邑幾成澤國
十五年大彗見於茌平爲危之分如此者已十七年不見矣
是年陰歷五月十五日大風拔木霪雨爲災
十八年秋大雨茌城房舍損壞極多

二十二年歲大熟

二十四年春至夏異旱六月二十三日雨雹大風拔木

二十四年秋黃河決於魯西曹屬各縣被災者及十四縣人口達百五十餘萬省令分向各縣就食茌邑供養三千五百災民內有男女老幼初設災民收容所於縣城以後則分派於各村莊除供給食用衣服外死則爲之葬病則爲之醫生且爲之撫養暇則爲之教育被災之民固受福無窮而養災之民亦羅掘俱盡蓋爲時甚長必至明年水退春收方能回家安居樂業也

濟南五三美術印刷社承印

茌平縣志卷之十一終

【民國】清平縣志

梁鐘亭、路大遵修　張樹梅纂

民國二十五年(1936)鉛印本

紀事篇

周

莊王十一年齊襲公田於貝丘漢書地理志貝邱縣屬清河郡應劭曰左氏傳齊襄公田於貝丘是縣舊名貝邱始此

秦

始皇二十六年置鉅鹿郡舊志云縣昔屬之又按方輿紀要東郡下注今直隸大名及東昌地屬之則秦時縣或屬東郡歟

漢

高帝置清河郡厝貝邱二縣均屬之漢志

元帝永光五年河決清河靈鳴犢口省志縣屬靈縣地

濟南文雅齋承印

成帝建始四年河決館陶及東郡金隄泛溢兗豫入平原千乘濟南

新莽始建國三年河決魏郡泛淸河以東數郡通鑑

更始二年銅馬賊數萬入淸博光武擊之臨淸縣志

齊

建武四年魏封傅永爲貝邱縣開國男食邑二百戶以累戰勝齊也通鑑參舊志

隋

開皇十六年改貝邱爲淸平縣淸平名縣始此舊志

唐

武德四年劉黑闥起兵襲據漳南陷鄃縣敗魏州貝州兵乃還漳南稱大將軍史畧　鄃今山東夏津縣隋時清平曾屬貝州

武后垂拱四年博州刺史琅邪王冲舉兵匡復唐室省志　時縣屬博州

廣德元年以賊將田承嗣爲魏博節度使　自是跋扈不臣朝廷屢遣兵討無功凡四十餘年至憲宗元和七年田興始請吏奉貢賜名弘正

長慶元年成德兵馬使王庭湊殺田弘正起復田布爲魏博節度使討之　明年魏博將史憲誠作亂田布死之詔以憲誠爲節度使自是魏博復失終唐之世不能取省志

天順二年朱全忠攻魏博羅宏信拒之不克請和自是魏博服於

濟南文雅齋承印

汴省志

三年六月李克用自將攻魏博不克省志

梁

貞明四年八月唐晉王大舉伐梁周德威李嗣源等以兵來會并河東魏博之兵大閱於魏州省志

後唐

同光元年四月晉王存勗稱皇帝於魏州遣李嗣源取鄆州

五月梁王彥章拔德勝南城進攻楊劉地名在東阿縣北唐主引兵救之郭崇韜請築壘於博州東岸以固河津唐主從之遂將萬人夜發趨博州至馬家口渡河築城省志

按新五代史晉本紀高祖石敬塘隸唐明宗帳下號左射軍莊宗已得魏梁將劉鄩急攻淸平莊宗馳救之兵未及陣爲鄩所掩敬塘以十餘騎橫槊馳擊取之以旋

石晉

開運元年靑州刺史楊光遠誘遼南侵博州晉將李守貞等擊之遼大敗遼主忿恚盡殺博州所得民省志

宋

雍熙三年遼人入寇陷德州及魏博以北省志

元豐四年河決澶州自大名至瀛州築堤河復北流省志時縣屬大名府是年遷於今治

濟南文雅齋承印

宣和七年始建土城 舊志

建炎二年馬步軍都總管馬擴與金人戰於清平城南統制官阮師中死於陣 省志 時金人畧取陝西陷大名略河濟而南

按金史列傳李師雄字伯威宋宣和中以騎射登科累官大名清平尉王師至大名師雄與府僚出降

四年金立劉豫為齊帝自東平徙都大名 省志

嘉定十五年九月大名忠義彭義斌復京東諸郡

金

大定十三年知縣韓 失名 增修縣城 舊志

元

至元二十六年能膠萊海運開會通河 元史

二十九年賑德州齊河清平泰安州飢民 新元史 元時縣屬德州

至大四年知縣王佐重修縣城 舊志

天歷二年四月德州清平縣饑 新元史

順帝至元五年清平縣又饑 同上

至正十六年知縣劉搢復修縣城 舊志

二十七年明太祖命徐達北取中原達進拔益都濟南東平濟寧東昌等路皆下 史略

明

建文二年十二月燕兵掠臨清越汶上至濟寧盛庸與鐵鉉屯兵

濟南文雅齋承印

東昌以邀之省志明時縣屬東昌

洪熙元年錄宿衛東宮舊勞封左都督吳成爲清平伯明紀

宣德九年十月發臨清倉賑饑民是歲濟南東昌兗州旱省志

正德六年霸州盜劉六劉七等掠博平夏津等縣陷高唐武城兵部侍郎陸完駐兵臨清討之臨清縣志

嘉靖二年青州礦盜王堂等起於顏神鎮流刧東昌兗州省志

萬歷十八年知縣陳汝麟捐俸創置義倉舊志

崇禎十四年秋七月運河涸

清

順治元年命戶部右侍郎王鰲永招撫山東河南秋七月東昌臨

清等處以次撫定省志
五年命冬尼率兵屯牧臨淸分城東臨淸淸平地與之明年移駐德州臨淸縣志
是年麥禾被災奉旨蠲免錢粮以後十一十三兩年均豁免丁漕舊志
康熙元年知縣鄭駿重修縣城舊志
三年豁免逋賦
四年大旱成災
十年十一年秋禾均災
二十三年秋禾旱損
二十八年清帝南巡

濟南文雅齋承印

四十二年清帝南巡

四十四年清帝南巡　修運河隄

以上四年十年十一年二十三年二十五年二十八年三十年

三十六年四十二年四十三年四十四年四十五年四十七年

四十九年疊次蠲賦有差舊志

五十六年知縣王佐重修縣志成舊志

雍正四年修運河堤閘　濬馬頰河省志

八年秋禾被淹

十二年增運河千總把總省志

以上元年七年八年十一年十三年等均蠲免錢粮有差革除

派徵河夫帮貼銀舊志

乾隆元年秋七月初一日地震

二年四年秋禾均被水賑災蠲賦

十三年普蠲額賦

二十七年清帝南巡蠲額賦賚耆民

三十年清帝南巡蠲額賦賚耆民並豁免民借麥本牛具等銀及民借倉穀

三十一年三十五年三十六年疊免額賦賚耆民

三十六年知縣李孝洋裁汰社倉所有倉穀附儲城內常平倉中

三十九年九月教匪王倫犯臨清縣境戕戮臨清縣志

濟南文雅齋承印

王倫壽張縣人繼白蓮教徐鴻儒煽惑愚民於是年八月二十八日夜陷壽張復陷陽穀堂邑等縣九月初七日黨徒數千襲據臨清土城據大寧寺鈔關署汪家大宅分佔杏園千戶營塔灣各村三犯臨清磚城不克欽差大學士舒赫德率京畿勁旅五千人督同山東巡撫徐績臨清知州秦震鈞等討之凡一月六日而賊平

四十二年知縣張玉樹創修書院（並捐貸假地以贍學者）

四十五年清帝南巡

四十九年清帝南巡

自三十六年後四十一年四十二年四十五年四十九年疊次

免賦養老恤刑

五十年舉行千叟宴邑人劉溥與宴又蒙旌表耆民五人 舊志

五十一年旱

二月運河閘工告成

五十三年春奉諭山東運河每年回空時確勘疏濬 省志

五十五年水

五十一年五十五年五十六年至六十年疊次賑貧免賦

六十年春正月朔日食望月食 省志 知縣萬承紹捐貲興學

嘉慶元年普免田賦 春正月舉行千叟宴生員蕭廷棟等六人

與宴受賜各有差 奉詔官員加級者四人與廕者一人 生

員加額五名　保舉孝廉方正一人　耆老給與頂戴者四十

四人

三年知縣萬承紹改建磚城自元年興工是年秋工竣

十三年二月運河各工奉諭歸沿河州縣衛疏濬省志

十五年九月復山東漕船冬兌春開例

十八年十一月疏運河

二十四年夏四月修運河隄

道光十二年秋濬運河

十三年奉諭嚴查內河漕船積弊

十四年五月整理泉河蓄水濟運

十五年蠲逋賦賚耆民 舊志

二十四年夏四月野多燐火 至六月始息 知縣林上砥重修書院添建考棚

三十年九月貸汶衛兩河修堰銀 省志

咸豐元年秋七月豐北黃河決水漫縣境

冬十月濬修運河工

十一月蠲水災州縣額賦並給災民戶糧房屋修費 省志

二年四月奉旨派藩司專辦災區賑務

三年三月地震

四年三月粵匪陷臨清縣境戒嚴知縣崔燦督團丁防守

先是粤匪由河南山西入直隸據靜海縣官兵圍攻未下是年
正月初九日匪南竄河間二月初十日陷阜城山東戒嚴東撫
張亮基守德州藩司崇恩守武城之鄭家口臨清戒嚴十七日
徐州鎮飛章奏南賊將北渡河張撫乃帶兵趨兗州善將軍祿
由阜城分兵趨曹州善兵至東昌賊已渡河屠金鄉鉅野二十
七日至陽穀之張秋鎮西陷陽穀二十九日陷莘縣崇藩聞警
由鄭口入臨清城三十日賊至冠縣之小灘三月初一日陷冠
縣是日即有稱善將軍兵至臨清者知州張積功令住土城初
二日賊由清水至館陶之李官莊距臨清僅三十里初三日賊
圍臨清先是商民聞警多將財貨婦女輦入州城是日辰刻賊

大至前稱善兵者列隊出迎及合則皆其黨也遂渡會通河據土城商民多被裹脅賊於城東南築十餘木城一日而就初四日初五日掘地道用地雷轟陷南複城崇藩靳關北走夏津幸副將武殿魁分守南門力戰賊始退初六日張撫帶鄉勇數千至欽差大臣勝保亦率兵至營於城北徐穆李莊張撫營於淸平王家集初七日崇藩復回初八日張撫移營城東之八里莊去賊木城僅三里許夜刼賊營殺賊數百人初九日善兵去賊里餘虛放槍炮而退初十日張營與賊遇不利十一日復遇殺賊數百人十二日勝善兩營由城西北出隊各施槍炮而退十三日善張兩營出隊既合善兵遽退張營殺賊甚多十四日勝

濟南文雅齋承印

保分所帶川勇四百人入城協守在城上與賊時作隱語十五日善張出戰善又先退張設五伏力戰賊始退及歸營而清廷拿問逮旨已下矣張既被逮崇接其任是夜賊從城西南方用地雷轟塌數丈川勇內應城遂陷十六日賊入城大肆焚殺官民殉難者以數萬計十七日賊開城十八日賊撲勝營十九日山東臬司厲恩官帶兵千餘駐清平之王家集二十一日夜賊忽自驚擾潰者數千人二十二三等日賊漸飽颺厲恩官帶兵由清平赴東昌防堵（採邑人馬振文粵匪紀畧）

五月河北阜城連鎮間粵匪回竄高唐夏津大擾縣境戒嚴

冬十月修運河隄

五年六月大水時黃河溢分流至張秋鎮東昌以下皆水
秋七月截漕備賑
七年五月飛蝗蔽天
六月蝻出西鄉禾稼食殆盡
八年二月僧格林沁籌改陸路及運河宣洩事宜省志
十一年二月堂邑宋景師倡亂教匪楊勞顯應之犯戴家灣團勇
擊之
宋堂邑縣宋家小屯人以武技名傭於邑之白姓白素豐邑令
某畯盜擊白繫獄意圖索詐訛傳決有日矣宋糾死黨十八人
劫獄釋囚邑令匿不上聞勢日熾號黑旗隊　楊河西楊家辛

濟南文雅齋承印

莊人惑於白蓮教因作亂團勇焚其巢
三月十九日匪從堂邑梁家淺渡運河焚掠而北魏家灣戒嚴
時匪勢猖獗焚博平縣苗莊賈寨等村團長李凌霄與賊遇於
傅家隄口賊衝陣不為動疑有備遂退
五月十五日宋景師渡戴家灣團長馬兆麟等死之　時悍匪
千餘人直撲戴灣馬兆麟督勇拒之敗潰陣亡團勇一百七十
七人匪乘勢焚掠康莊一帶仁勇等團拒之於周家樓匪引去
十九日匪衆復犯魏家灣官軍擊之退　匪南犯賈寨北掠康
莊勢甚披猖團民奪氣至是直犯魏灣適統領烏公帶歸化城
馬步兵數百至十八日駐縣城知縣桂昌告急烏星夜調拔黎

明抵魏灣是時匪由土閘循運河西岸北行團勇循東岸南行
戰於三孔橋勇力不支烏軍至擊匪匪潰追奔數十里適天大
雨收隊後匪勢日蹙大經略勝保納其降
同治元年秋宋景師復叛　先是魏灣之役官軍擊宋降之勝保
帶之赴河南宋索餉而譁値勝保逮問遂復叛與捻匪合回擾
冠縣館陶堂邑間臨清清平皆騷動
三年八月忠親王僧格林沁移軍討宋景師
景師詭譎多謀驍勇善戰堂邑柳林樊寨等團屢爲所挫請兵
於忠親王王師至屢蹙景師計一誘桂軍入賊寨伏發敗之一
據險設伏截擊恆海二軍於臨清城南王怒親督軍討之沿運

濟南文報齋承印

河北行船泊三里堡團長李凌霄賈素亭魏懷珍等載粮草登
舟謁王王詢匪出沒情形督隊剿之匪負嵎抗拒連戰不克兵
欲潰者數矣王怒下馬坐大窯上出全隊攻之匪退王傳令柳林
樊寨辛集三團各出五百人自帶鍬鍁於次日黎明齊集聽令
意在築長圩困匪如馮官屯擒粵匪故事也一面令各營環向
之忽有軍校報景帥以戰表獻王王笑曰出征數年未覩戰表
爲何物拿來我看啓視大致謂景帥以良民被逼闖王來本擬
授首惟聞王用兵如神未嘗領教今邀戰終日殊平常不過恃
勢大欺人耳不然退至戰場詰朝相見能勝景帥則甘心受死
矣云云王大笑立命退兵時團長皆去恆海知其詐又以新敗

不敢力爭復因大雨傾盆軍士等無一願留者王師退而賊衆遁

八月二十八日宋景師犯本縣辛集鎮團長馬福安全家遇難匪與堂邑柳林團仇最深王師之來也柳林實迎之王知賊之必回襲柳林也掩兵待之宋景師敗後北走恩縣四女寺轉腰站兼程過辛集直撲柳林王師出其不意殲其衆景師偕其黨數人竄至安徽旋被擒

四年春正月十三日雷電交作風雪繽紛　十五日雪愈大色微紫

七年三月捻匪張總愚北竄縣城戒嚴

四月城西北金郝莊西南侯家寨民圩成　初大府檄民間築圩自衛爲堅壁淸野計以工艱費鉅無應者惟二村尅期興工未合攏而匪至賴以捍禦　防軍駐紮縣境鄉民沿河築堞協守之是時淸廷派李鴻章及東撫丁寶楨會籌運河防務修築河牆圈則捻匪地方紳民籌備供給應付煩擾捻匪往來於馬頰河東大府防其西竄沿運河西岸築堞駐兵防守又由運河三孔橋起北接馬頰河循樂陵抵海亦於西岸築堞防守營兵散居鄉閭騷擾與匪等鄉民患兵甚於患匪故有寧遇賊勿遭兵之語

五月初二日縣城戒嚴　匪已往返數次陳帥國瑞尾之是日屯兵小屯　盛莊賈莊崔樓丁爍微莊李寨蕭寨任官屯夏莊

濮莊胡里莊等村民圩次第成　初縣境惟康莊呂廟辛集李窪有民圩本年金郝莊侯家寨築圩餘村俱無至是多相率築圩

七月捻匪平

八月以捻匪擾害免民欠粮賦

八年奉旨永遠加廣文武生員學額各七名以軍興以來本縣捐輸軍餉故也

十一年春正月修運河隄

光緒元年六月大飢

二年大旱

三年五月大饑連年荒旱民食樹皮殆盡死者無算

濟南文雅齋承印

閏五月十七日雨

四年五月旱大饑

五年五月水嘯 是月十二日辰刻風靜波平忽而水皆外溢即盆之水無不震盪衝激若有物搏激之者俗傳爲水嘯

六年始通電訊 是年奉令凡府縣重鎮均將設電線桿及電報分局本縣通電訊自此始

八年秋七月彗星見東方 山東巡撫任道鎔檄各縣積穀備荒 縣積穀五千一百石分儲二十一倉由各介長保管

十年運河水大漲

十四年五月初四日地震

十八年八月以皇太后萬壽奉旨蠲緩本年錢漕

二十二年二月知縣朱鍾琪計擒劇盜盧池池松林人糾合黨羽數十白晝搶刼人莫敢攖朱公與鄒縣以計縛之解省正法一方獲安

二十四年春正月朔日食

二月奉旨變法興學 科場廢制藝改試策論經義

八月清太后訓政復制藝 美國教士來縣設耶穌教堂初在城內明宗祠前租賃房舍嗣購宅移於南街是爲外人來縣佈教之始

二十五年冬義和團起縣境騷然初起於直隸廣宗擾及臨清燬教堂仇教民卒釀拳匪之禍

是年奉令舉辦鄉團本縣倉圈合一劃分二十一圈

二十六年夏大旱饑 拳匪暴動境內電桿悉燬

八月霪霖害稼分別蠲緩本年錢漕 政府發照信股票 開

濟南文雅齋承印

臨清倉賑濟饑民

二十七年九月詔停武科並童試

二十八年春正月詔廢制藝仍改試策論經義

三月改清陽書院爲校士分館

六月旱疫　裁衛官歛衛地收價歸民　頒行保甲法　戴莊

設立天主教堂

二十九年選送東洋留學生張鸞泉任瑞軒初士英盛際光房金鑄殷廣基劉祥履先後赴日本

四月裁綠營制兵改練巡警　是年南漕折運裁東河總督及

運河道並裁閘官閘夫

三十年始行銅元　改校士分館爲高等小學堂並設蒙養學堂

是為本縣興辦學堂之始

三十一年六月水嘯某日午刻溝渠盆盎之水均震盪有聲

八月停科舉及歲科試　高等小學實施學校課程並附設師範傳習所　改良監獄設習藝所

三十二年日本留學生陸續回縣

三十三年設勸學所

三十四年夏氷雹為災　設巡警局

宣統元年春正月山東省諮議局成立本縣金毓珍當選為議員

二月選送自治人員到省訓練次年成立地方自治研究所

縣教育會成立　始征地方附捐新政繁興庫款支絀初僅每畝帶征銅元一枚以後逐年

濟南文雅齋承印

增加

二年劃全縣爲十一自治區　考試佾生

三年縣議事會成立

八月二十日武昌起義

九月二十二日山東獨立

冬十月雷電以雨

十二月二十五日清帝遜位中華民國統一政府成立改用陽

歷

中華民國

民國元年組織國民黨

三月商會成立　頒行剪髮通令

十一月頒行地方官制知府知州及一切佐貳官皆廢

十二月省議會選舉臨時參議院議員（本縣劉星楠當選第一屆第二屆國會參議院議員均當選）　省議會選舉臨時議員（盛際光房金鏞均當選）　成立單級教員養成分所　成立實業學校（附設於高等小學堂）　第二高等小學成立（現爲康莊小學）　裁教諭訓導缺

二年二月改勸學所爲視學所　女子小學成立（校址在城內八蜡廟是爲本縣開辦女學之始）

三年四月取消學堂名稱一律改稱學校　改單級教員養成所爲師範講習所

濟南文雅齋承印

八月聊城駐防後路巡防李統領德厚視察防務　先是民國元二兩年土匪肆擾經統領方公致祥以次剿平本年八月顧匪德林又擾魯西各縣李統領屢次派員督剿並力倡團練購備槍枝民氣爲之一振　取消縣議會

四年設驗契所在縣署內凡田宅舊契一律註册改換新契　添設菸酒公賣分棧

創設警隊

五年一月一日袁世凱稱帝改元洪憲

五月帝制取消副總統黎元洪繼任爲總統　復改視學所爲勸學所　修衙署　縣長呈由省署添購槍枝

六年設保衛團併全境二十一團爲十區　舉行第二屆國會選

舉本縣盛際光當選為衆議院議員

七年魯督張樹元蒞境視察　奉令成立財政管理處

八年第三第五高等小學次第成立現為麻佛寺小學金郝莊小學

九年四月成立勸業所　縣農會以次成立

七月旱大饑　上海廣仁善堂來境施賑華洋義賑會同時賑

災

十年舉行第三屆國會及省議會選舉　舉辦暑期國語講習所

十一年縣農會改組　成立自治講習所

十二年勸學所改稱教育局　本年附捐每畝一百八十文

十三年七月勸業所改為實業局　第四高等小學成立現為趙官營小

濟南文雅齋承印

學
成立地方自治籌備處　奉軍入關縣防改屬奉軍四十四團杜鳳舉部
預征次年丁漕　派徵軍事特捐　元
十四年督督張宗昌發行公債二十二萬元　省署抽提警備槍
枝　派徵討赤特捐　元
五月奉軍來縣駐防　成立軍事招待處　縣立通俗講演所
成立以前附於教育局至是奉令特設並附設圖書館
六月成立清鄉局　省督派征營房費一萬元
七月選舉國民會議代表　是年附捐每畝加征二百二十文
十五年春成立清鄉局
夏烈風暴雨居民損失無算　添設貨物稅局　設路政局

秋東昌道抽調本縣警備隊官長目兵五十餘名並帶槍五十四枝
冬督署派委到縣驗槍驗費匣槍三元五角鋼槍及手槍一元五角鉛槍一元土槍五角 是
年每畝加征附捐二百八十文
十六年春各鄉紅鎗會紛紛成立人心浮動 大徵兵車 直督
褚玉璞過境駐辛集同來者于世銘軍督戰隊等 成立軍事招待處此項供給
爲數甚鉅
夏設禁烟局 省署召集鄉老會議
秋卞英傑團來縣以剿除紅槍會爲名 縣西境安設軍用電話 是年
每畝加征附捐五百文
十七年併警備隊於警察所 直魯軍潰退過境者十萬餘 唐

團北退經過縣城勒借軍餉三千元

五月革命軍二十一軍呂秀文至境駐城內旬日（縣獄押犯一律解放）

第四軍馬鴻逵部蒞境　成立縣府政務警察隊　改警所為民團營

六月戰地委員會委陶文進為本縣縣長　設財政專員（關於貨物菸酒各稅及禁烟事項概歸該員管理）　高唐兵站處派銷本縣烟土一萬兩（每兩作價一元）　縣黨部成立　農民協會以次成立

七月設置設計委員會　高唐徵兵處來縣徵兵二百名　改組第一高等小學（所有城內初級小學及女學均歸併於高小男女合校自此始）　改組講演所　分設圖書館　山東人民自衛團成立縣防改屬第五區·

部駐高唐　設縣法院　改實業局爲建設局　改組教育會
縣公署改稱縣政府　改組商會　設置黨義訓練班（訓練小學
教員）　改菸酒公賣棧爲菸酒稽征所　設置公安局（由民團營抽出目兵
三十六名連帶槍枝分組爲公安局）　是年每畝加征附捐六百文
十八年春亂黨攻城人無固志縣長汪振武登陴守城晝夜巡邏
不遑食寢城卒賴以保全　桿匪王金發大股由聊城北竄夏
津堂邑等縣失守縣境騷動　縣防改屬魯西民團指揮部
保衛團改稱自衛預備團　自衛團改爲二十六大隊抽調警
槍四十枝赴濟寧　大隊副擱餉潛逃　國術館成立　丁漕
附捐改征銀元

十九年二月改財政處爲財政局

八月晉軍馮鵬翥翟元璧兩師過境　組織臨時軍事招待處

添設合作指導社　添設册報員

冬改自衛預備團爲聯莊會　縣立各機關編造預算表册呈財廳備案　是年附捐每銀一兩帶征二元三角米每石帶徵三元

二十年裁釐金　貨物稅局取消　設置鄉鎮長訓練班

夏設置印花稅局以前印花由縣府派銷自是始設專局　設置長途電話局

四月魯北民團第二路指揮趙仁泉駐防臨清縣防屬之

五月趙指揮委大隊長駐松林鎮先是松林附近土匪搶架鐵掠幾無虛日自臨夏清三縣

聯防駐紮匪氛以戢併全境十區爲五區二百一十五鄉鎮實行新鄉鎮制　成立各區公所

七月奉令各區長兼代各區聯莊分會會長　民衆教育館成立　電話事務所成立　成立度量衡檢查所　聯立鄉村師範成立與臨清夏津館陶邱縣冠縣五縣聯立地址在臨清東門外　師範講習所取消

二十一年設置硝礦局旋即取消　建設公共體育場

五月劉桂堂軍過境　建設局創立民生工廠　國府頒女子放足通令　是年附捐每銀一兩帶徵二元二角一分米每石帶徵三元

二十二年一月縣法院改承審制　改財政建設教育三局爲第

三第四第五科直屬縣政府　縣防歸第二路民團指揮部直轄　第二路指揮部中參謀長景蘇蒞境清鄉並籌設戒烟所　挑馬頰河　册報員及合作指導所分別歸科　裁印花稅支局及菸酒稽徵所歸縣辦理

冬改選各鄉鎮長　奉令積穀備荒（籌積倉穀一千二百石）　本年附捐銀每兩帶徵二元三角七分米每石帶徵四元一角

二十三年奉令取消苛捐雜稅（各鎮市牙行大半撤消）　成立進德分會　成立新生活運動會　奉令成立縣志局

冬鄉政局代售印花　挑運河　成立棉業合作社　新集小學成立

十一月奉令裁撤各區選舉各區聯莊分會會長

二十四年大旱（自一月至於六月不雨）

七月霪雨爲災　河渠溢　民田被水禾大減收　恢復國術館（先是舊館長因事被撤館亦取消至是重行恢復）　收容水災難民二千人（黃河決於濮陽鄄城鉅野濟寧嘉祥等縣水災奇重省令分發難民於各縣本縣城鄉均設災民收容所共二十處）　省令停發黨部經費　復設菸酒稽徵所（管理濟高在博四縣）　農會停辦

十一月奉令成立短期義務小學（分區籌設計共三十七處）

十二月奉令歸併鄉鎮改選鄉鎮長（全縣歸併爲四十五鄉）

二十五年五月奉令改編公安局爲保安隊　新建平濟倉落成（在聯莊總會東偏計倉五間工料頗稱堅實）

六月旱

七月民衆教育館奉令停辦

八月奉令籌備國民大會代表選舉本縣屬山東第四區全縣公民男女共計十三萬人

九月奉省令縣政府裁併第三科添設金庫主任

【光緒】莘縣志

（清）張朝瑋修　（清）孔廣海纂

清光緒十三年（1887）刻本

華縣志卷之四

禨異志

災祥並紀譏者非之夫和致祥乖致異自然之應而以為紀災不紀祥者志戒也蓋言祥近諛言災近規古者遇災而卜夙夜寅懍懍焉故賢君常抑祥瑞而賢相時奏水旱盜賊彼其見誠深遠也弭災消異責在人事祥桑可枯熒惑可徙知此義也何災異之有

周惠王十五年有神降於華居莘六月

漢成帝建始四年河大決東郡金堤凡灌四郡三十二縣

水居地十五萬餘頃壞官民室廬四萬所

獻帝初平元年白波賊寇東郡三年于毒等攻東武陽曹操破之

建安八年袁尚將呂曠呂翔叛尚屯兵陽平以其衆降於魏

晉惠帝永興二年秋七月成都王穎部將公師藩攻陷州縣害陽平太守李志平昌公模遣將趙驤擊破之

懷帝永嘉元年公師藩復稱將軍濮陽太守苟晞擒斬之

石勒與苟晞等相持於陽平數月大小三十餘戰

八月苟晞大破汲桑於東武陽
愍帝建興元年山東郡縣相繼陷於石勒
東晉成帝咸和七年後秦姚弋仲死子襄帥師六萬攻陽
平城破
穆帝永和七年後趙石祗使將劉顯攻冉閔而敗閔追至
陽平
孝武帝太元十九年燕慕容垂東巡陽平
安帝義熙元年青州刺史劉該反魏陽平太守孫全聚衆
應之晉劉裕將兵斬該及全

北魏時黃龍見華縣井中

孝文帝太和十九年陽平郡獲白狐以獻府志作白雉

東魏孝靜帝天平四年以高季世爲濟州刺史擊陽平賊路文徒等平之

北齊文宣帝天保元年東魏行臺辛術寇陽平不克

唐高祖武德四年劉黑闥自貝州反陷華州　三月秦王破劉黑闥盡復所陷州縣黑闥奔突厥　十二月魏州總管田劉安擊黑闥破之獲其華州刺史孟柱

武后垂拱四年琅邪王沖引兵擊武水武水令郭務悌詣

魏州求救莘縣令中道邀沖恐不敢入武水閉門拒守

沖焚其南門因風回軍

昭宗乾寧二年朱全忠欲攻兗鄆李克用遣李存信救之

軍於莘縣師還羅宏信襲取之　三年羅宏信敗太原

軍於莘縣　六月李克用攻魏州及其郛大掠六郡陷

十餘邑報莘之怨也

後梁末帝貞明元年梁將劉鄩軍於莘縣晉軍躡之鄩治

莘城守之晉王營於莘西三十里烟火相望一日數戰

鄩去攻清平二年正月晉王留李存審於莘擊鄩敗之

後晉出帝開運二年秋七月河決楊劉西入莘縣廣四十
里自朝城北流

南宋孝宗隆興元年十二月夜白氣見東郡西南方出危
入昴

明憲宗成化十一年二月十一日酉時暴風怒發揚沙折
木始自井堂寺側火起須臾官民廬舍延燒幾盡至五
鼓方息　十四年六月連日大雨田禾淹沒永清大有
二門俱傾圮舟楫出入城中往張秋臨清者竟乘舟而
去是歲大饑　二十一年大旱徧地赤野禾麥無收民

間至有殺人而食者　二十二年有里民王興左手大指著紅紋形紆曲僅寸許可五六折每雷雨輒搖動弗寧興欲割之一夕夢一男子容儀甚異謂興曰余應龍也謫降在公體公勿禍余三日午後公伸手指於窗櫺外余其逝諸至期雷雨大作興如其言手指裂而應龍起矣

孝宗宏治五年自春徂夏不雨井涸樹枯歲饑民不堪命父子兄弟離散各不相保焉

武宗正德六年流寇楊虎攻城知縣諸忠拒走之　又有

流賊霸州劉六等寇華縣遊擊將軍許泰帥師破之

世宗嘉靖九年夏五月蝗蝻自兖郡來羣隊如雲所過無遺稼北至華知縣陳棟齋沐率邑人禱於八蜡神俄黑蜂滿野嚙蝗盡死既而雷雨交作蝗盡化爲泥田禾不至損傷咸以爲陳侯精誠所感云

神宗萬曆十九年大水　四十一年大水　四十二年旱蝗　四十三年大旱米穀甚貴貧民至鬻妻賣子流離瑣尾令人酸鼻

熹宗天啟二年二月地震有黑風起

莊烈帝崇禎三年五月雨雹　五年五月雨雹八月又雨雹大水滔流傷禾甚多　十年大旱歲饑　十二年霪雨不止兼以陽穀地高水勢奔流莘幾爲沼　十三年春夏大旱每日風霾大無禾斗米銀壹兩二錢民間食蝗草子樹皮至有父子兄弟夫婦相食慘狀難悉饑民爲盜蜂起焚刼四境蕭然　十四年春夏間瘟疫盛行甚至戶滅村絕秋大蝗來自東南平地叢積尺餘越城踰屋所過樹木壓折草禾皆空　十五年壬午閏十一月土寇黃三馬簪銳等乘夜攻城焚關廂二十七日城

陷男婦亡去多人廟宇官舍民房多被焚毀城居寥落目不堪睹　十六年春夏旱至七月始雨

國朝順治元年春夏無雨至八月始雨　二年春夏無雨至六月始雨連歲俱大饑　四年冬土寇劉恩同李正心等猖亂四載城內良民不敢出城數步枵腹堅守幸保無虞因而地畝荒蕪戶口凋殘後之涖茲土者撫字招徠勞心區畫正未有艾也　十年黃河金龍口決水勢橫溢至莘之東南東北一帶村舍田地盡被渰没往來朝范壽陽聊博等處皆可舟行

康熙三年八月至四年夏不雨大無麥蒙蠲本年錢糧遣
官賑濟百姓歌呼載道　七年六月十七日戌時地震
二次　九年大旱知縣劉維禎申報旱災蒙蠲本年錢
糧十分之二　十年大旱知縣劉維禎申報旱災蒙蠲
本年錢糧十分之二　十一年蝗知縣劉維貞申報蝗
災蒙蠲本年錢糧十分之一　十八年地震　二十一
年秋八月彗星夕見於西方其長竟天　二十三年夏
大水衝決魯家隄口知縣曹煜議堵塞不果　二十五
年夏旱知縣曹煜移文禱弇山乃雨　三十一年冬日

生三耳　三十二年春太白晝見　三十五年冬十一月朔日有食之　三十八年秋七月望月食既　四十年夏五月初五夜有大星隕于東南其色赤其聲魄　四十一年春長星見于西方　四十二年夏五月二十二日大風霾晝晦翌日大雨浹旬不止洪水驟至禾盡淹歲饑人相食平原廣衍中可通舟楫南至南樂北抵府治徧成澤國知縣王道隆詳報水災蒙蠲本年錢糧十分之二復捐俸賑粥民甚賴之　四十三年冬十一月朔日有食之　四十五年夏四月朔日食五分有奇

四十七年夏大旱奉　文動常平倉穀賑濟民乃得
安　四十八年秋八月朔日有食之　五十年夏旱知
縣劉蕭步禱弇山乃雨六月又旱復禱紅廟大雨霑足
蝗又來率吏屬捕之三日撲滅幾盡會天大雨雷電交
作餘蝗盡投水中患乃熄歲獲有秋　五十一年春二
月初十日大風霾黃沙蔽天午後復下紅沙至申酉之
交忽有黑氣自艮而南天爲之昏迄夜分乃已十五日
復大風黃霧四塞日青無光　夏六月朔日有食之
五十二年春旱麥減收知縣劉蕭發常平倉穀平糶民

食乃足　秋增建倉廒　五十三年春正月二十八日夜有黑氣自西而東連日風不雨大無麥苗士民紛紛告旱知縣劉蕭親詣各鄉查災兼委勘朝城受災分數比歸繕詳會天雨乃止　復平糶　五十四年夏秋之交霪雨連綿水決魯家隄口知縣劉蕭查勘水勢高下甫欲詳請疏濬值備辦軍需水亦旋涸故事寢不行

五十五年夏五月大雨霖潦水決六月十四十五大雨如注至二十一二兩日西南濮范觀朝之水自馬頰河瀦注城西東南鉅鄆壽陽之水亦自黑龍潭乍漲城北

平地水深數尺禾苗盡淹知縣劉藹詳報水災蒙　撫院蔣諭令加意撫綏不致流離失所　秋七月始革學書　冬十月　撫憲李彰念受災窮黎雖不具　題亦諭各州縣動借常平倉穀散賑知縣劉藹親詣各鄉清查真正乏食飢民男婦共萬餘丁口按冊施賑復慮四鄉飢民枵腹遠來捐俸煮粥領賑之後俾得飽煖負糧而歸民之賴以生全者甚衆會　濟東道申因齊禹兩邑被水詳濬河道奉　撫憲檄飭被災州邑例得條議一體疏濬知縣劉藹備陳東西兩路受水情形詳請及時

挑濬以弭水患復與紳士公議挑濬之法即移關陽穀聊城會同踏勘丈量興工民甚德之

雍正八年秋禾被淹

乾隆二年秋大水　二十六年自夏徂秋不雨　三十九年秋九月教匪王倫及王聖如反自王皇廟掠東北境境內洶湧殉難者數十人姓名失傳兵弁某追及境外殺斃賊死焉後賊至臨清大學士舒赫德討平之　四十三年秋大旱　五十一年春大饑瘟疫時行人多死者　五十五年天降霪雨自五月至七月十五日方止

嘉慶七年秋飛蝗入境蝻復生　十年春隕霜殺麥　十二年春黃風大作一晝夜方止　十六年春大旱秋禾被蟲　十八年二麥不登詳請賑濟　十九年除夕大雪至元旦午刻止二麥豐登秋瘟疫大作　二十四年冬大雪三晝夜積深四尺許

道光元年四月初一日日月合璧五星連珠　二年夏五月日食三環秋霪雨不止乘船入市　三年夏六月蝻蝗並生　五年春黑風一晝夜方止　六年春黑風一晝夜殺麥禾損廬舍　九年十月二十二日地震　十

年又四月二十二日地震塔尖摇落尺餘十一月天鼓
鳴　二十二年春西南夜出白氣如練長數尺許月餘
乃滅　二十七年歲大饑疫癘相望
咸豐四年二月二十日髮逆三十餘萬突如陷城倉厫監
獄皆空城内被殺者二十餘人被虜者數百人所過爲
墟西鄉蹂躪尤甚四月自臨清逃竄仍過城外　八年
夏四月黄風自乾方始自未至亥拔木撤屋　十一年
二月教匪張過獲據城土寇蝟集六月初六日大兵克
復七月長星亘天九月南捻過境十月延家營從七欽

平
同治元年秋大旱飛蝗蔽天晚禾一粒未獲五星聚奎
七年二月南賊張總愚攻城一宿未克南門更急　九
年春糧價昂貴關三元宮道士任端牛產一犢二首須
臾而死
光緒三年秋大旱倉米一斗制錢九百草根樹葉人爭相
食　五年春大旱秋大水八月二十三日起霪雨十日
方止　九年秋滄河決口洪波怒濤自西南入縣境繞
城而北行三里許向東北入運河　十三年夏旱禱龕

山顚仁王廟五月二十日夜大雨均霑六月望月食既

七月朔日有食之八月朔大雨縣

（清）孫觀纂修

【道光】觀城縣志

清道光十八年（1838）刻本

觀城縣志卷之十

雜事志

祥異（據曹州府志及山東通志補錄）

漢

武帝元光三年夏河決瓠子泛濮陽十一郡（視錄載武帝時河決觀）

成帝建始四年河決館陶東郡金堤皆潰

光武帝建武十五年正月彗星入營二月至東壁

桓帝延熹四年五月客星在營室至心轉爲彗

九年河水清自東郡至於濟北

晉

武帝太康二年五月雨雹傷禾稼

惠帝永寧二年十二月熒惑襲太白於營室

成帝咸康三年十一月太白犯歲星於營室

武帝寧康二年十一月太白奄熒惑在營室

安帝隆安元年六月月奄歲星在東壁

義熙元年十月月奄填星在營室

南北朝 府志以晉永嘉後晉旣不統中原爲志者或以南爲北失之措據乃創爲義例但以甲子紀年不標某朝年號

壬戌年十一月有星孛於室壁

癸亥年有星孛於東壁長二丈

庚午年十二月有流星長二十餘丈赤色有光經奎至東壁

丁亥年二月河濟俱清

丙申年九月濟河清

辛丑年九月河濟俱清

壬寅年五月有星前赤後白長十餘丈出東壁北西有聲

壬辰年三月熒惑太白合在壁八月山東諸州大水

己亥年六月有流星大如斗出營室抵壁

隋

煬帝大業三年正月長星竟天出東壁武陽郡上言河水清

八年山東諸郡大旱

十三年又大旱

唐

太宗貞觀十八年五月流星出東壁有聲如雷

高宗永徽元年濟河淸

二年濮州水

五年濟河淸

元宗開元十四年秋河南河北大水濮人或巢或舟以居

二十五年濮州有馬生駒耳後肉角又有兩烏兩鵲兩鸜鴿

同巢

德宗建中四年五月濮州河淸

貞元四年五月月犯歲星在營室

穆宗四年夏四月雨水傷禾

文宗太和二年蝗生夏大水

四年大雨壞城郭廬舍

開成二年九月有星大如斗長五丈有室壁西北流入大角

下沒

五年二月有彗星於室壁間秋螟蝗害稼

懿宗咸通十二年七月地震

僖宗乾符三年七月地震

五代

晉高祖天福六年河決泛兗濮二州

晉齊王開運三年河決澶州臨黃

宋

太祖建隆元年旱

二年五月蝗

乾德四年濮州麥秀兩岐至五六岐

七月觀城縣河決壞民廬舍注大名又震河堤壞東注衛南境及南華縣城

開寶四年河決自此濮鄆單州河決水溢至五年六年不已

八年濮州河決郭龍村

太宗太平興國二年濮州大水

八年河決滑州注澶諸州東南流
端拱元年閏五月有星如半月
四年秋霖雨害稼
淳化元年七月蝗
四年霖雨傷稼
眞宗咸平元年正月彗出營室
仁宗景祐二年蝗
英宗治平元年旱
三年三月彗出營室
神宗熙寧四年河北大風

十七年七月河決

哲宗紹聖二年濮州禾合穗

徽宗大觀二年八月芝生於武水講武亭

金

世宗大定二年十月有大星如太白起室壁間沒於羽林八年

六月河決

章宗明昌二年山東大旱

宣宗貞祐五年閏十二月太白晝見於營室

元

世祖中統十四年雨水沒禾稼

武宗至大元年蝗

二年雨雹

仁宗延祐元年三月大雨雪

二年十一月彗星犯紫微垣歷軫至壁

六年二月濮觀霪雨山東諸路大水

英宗至治元年七月曹濮等州雨水害稼

泰定帝泰定元年六月曹濮等州淫雨水深丈餘漂沒田廬

順帝元統五年濮鄄范觀饑

至正二十六年二月河北徙上自東明曹濮下及濟寧皆被

其害

明

太祖洪武二年河決徙曹州治於盤石鎭

五年東昌大饑

二十一年二月有星出東壁

英宗正統二年河決泛濮州

六年東昌兗州諸府蝗

十年河決金龍口

十二年兗州東昌俱河決

十三年河決漫曹濮二州

景帝景泰二年河決濮州遷治於王村

四年太白歲星合於壁

五年大水

九年濮觀等處旱

英宗天順元年六月彗星見室長丈餘由尾至壁

憲宗成化四年九月彗星見室南

九年濮州大旱

十五年地震壞官民廬舍

孝宗宏治三年十二月彗星入營室

五年旱

六年四月東昌兗州同日地震有聲

十三年四月彗星入室壁間

十五年九月東昌兗州地震壞城垣民舍濮州尤甚地裂水

湧壓死百餘人

武宗正德七年濮觀蝗

十五年八月地震

世宗嘉靖元年地震大風晝晦

三年正月五星聚於營室

十月觀城地震

七年大饑

八年飛蝗蔽天

九年二月天鼓鳴

三十年冬地震

穆宗隆慶三年七月東昌大水

神宗萬歷四年大水

十五年霜殺稼

十六年春大饑夏麥大熟

十九年三月西北有星如彗歷胃室壁入婁

二十年雨害稼

四十三年山東春夏大旱千里如焚

熹宗天啟二年二月東昌府地震

四年正月日暈

五年熒惑自壁退入室

懷宗崇禎九年大熟

十一年蝗

十二年東昌府大旱饑

十三年山東省大饑斗米萬錢無糴處

十四年山東省大饑人相食

國朝

順治三年大熟

七年河決荊隆口潰張秋堤由大清河入海漂溺兗州東昌

等州縣
十五年五月戊戌長庚入月
康熙四年兗州東昌大旱饑
七年六月地震
九年大旱
十一年蝗不爲災
二十四年產嘉禾一莖三四穗
四十二年兗州東昌等府大水頻年又大疫
六十年山東通省大旱
雍正三年二月庚午日月合璧五星聚於營室

四年兗州東昌等府大水

十二月曹單黃河清

八年東昌等府大水

乾隆十二年曹州等府大饑

三十一年秋大水

五十年秋旱

嘉慶六年秋大水

八年大水河溢

十七年秋旱

二十二年秋旱

道光元年四月朔日月合璧五星聯珠

二年秋大水

五年秋旱

十年閏四月二十日地震

十二年秋大水

十五年秋蝗生

十七年秋七月旱

十七年十月興里倉上村民人陳珩妻錢氏一產三男

【康熙】朝城縣志

（清）祖植桐修　（清）趙昶纂

民國九年（1920）刻本

朝城縣志卷之十

災祥志

天之休咎也吉凶恒以類徵世之否泰也災祥必有先見然災祥之紀代皆有之而轉災爲祥者則恃有消弭之實在此君子所以恐懼修省而不自暇逸也爲作災祥志 王猷遠

漢

初平二年黑山白饒等十餘萬衆掠東郡太守王肱不能禦曹操引兵擊破之

三年黑山賊於毒本攻東武陽操引兵西入山襲
毒本屯毒本乃棄武陽

隋

大業三年武陽郡河清數里鏡澈

唐

乾元二年秋不雨

開成五年蝗

咸通十二年地震

晉

太康元年五月雹

宋

建隆元年春夏不雨

乾德七年大名河漲漂民廬舍

開寶元年五龍見

天聖六年河决澶州之王楚埽近境皆被災

大觀中芝草産於武水之講武亭

金

天眷二年地震

元

至大元年蝗

延祐六年三月霖雨害稼

泰定元年霪雨害稼平地水深丈餘

至和元年雨水害稼

元統五年饑

至正二十三年夏大旱

至元二十九年饑

大德七年八月地震

十一年四月地震

明

永樂十三年恒雨害稼

景泰元年隕霜殺穀

天順六年饑

成化八年大旱人多饑死

十二年冬桃李華大燠

十四年大旱民多流殍

十八年大水民傷殆盡

二十年大饑民多病死

弘治五年正月至四月不雨

六年淫雨人苦濕多疾

十一年大疫死亡甚多

十五年秋九月七日戌時地震有聲如雷日三十

餘震傾壞廬舍人多壓死

正德元年境多狼

三年嘉禾生一本三穗

四年大旱

六年大水

七年霸州巨盜劉六劉七率衆數千入境刦掠居民逃潰房舍帑藏燬刦殆盡民爲絶灶廢農縣丞徐有德說縣令蔡童修守具以備之會總制尚書陸公縱兵擊斬首二百五十餘級瘞南廓外

十五十六連年大雨傷稼境中特甚

嘉靖二年大旱

三年地震黄霾障天晝晦

楊村田夫白晝爲雷擊死樹下

七年大饑

八年大蝗　十一年四月不雨六月蝗禾盡傷

十七年龍見境中　十八年齋堂鎛鐘無故自鳴

三十年冬地震

三十二年大饑疫死甚衆

三十三年淫雨陷民廬舍人皆巢居

三十四年淫雨二月城堞俱圯魚游於庭趨城浮

後

隆慶五年正月地震

六年大有

萬曆元年大有

三年水

二十年麥大熟民生少甦瑞穀生一莖三穟者數十本有謝鞄詩曰天以佳禾旌惠政人從仙合識昌時雨岐遠軼漁陽頌合穎重光魏史詞旖旎鳳毛春共碧葳蕤龍尾美雙垂璽書會有褒崇典千載忠賢勒鼎彝

二十六年大旱

二十九年秋大稔每畝可穫四斛

三十年大旱至六月不雨民多流離

三十五年黑羊山水發縣多水

四十三年大旱自春至秋不雨多蝗

四十四年大旱多蝗落處溝濠盡平復生蝻啖禾

食盡

四十五年七月始雨以後淫雨不止十月始霽穀

豆皆腐

四十六年麥大熟每斗銀二分五釐

天啓二年二月地大震彗星見是年白蓮教徐鴻

儒等倡亂破鄆城境內戒嚴

崇禎三年秋七月七日至十五日霖雨害禾稼

崇禎　年十二月三十日大電雷

十一年春大旱蝗落處樹僅星損四月二十九日始雨秋七月復蝗

十二年旱蝗八月蝻至次年五月始雨

十三年大饑斗米千錢蓬子蒺實斗五百一猪值銀二十兩一狗值銀一兩三錢一鷄銀三錢而男女插草入市不值數文死徙者以萬計至瀕死之軀而即生割已埋之屍猶被掘食或父子相

殺或夫婦相逆異歟奇荒不聞賑濟請國本何

冬十一月元城賊渠米玉糾衆刦殺西北饑民數千隨之焚燬西關北關自是而剿之兵往來頻矣

十四年辛巳大饑之餘瘟疫盛行相染者十室而九甚至闔門俱歿收殮無主者衣被在床骨骸委地悲哉是年春旱人食木皮樹葉幾盡夏復蝗麥穗被嚙落斗麥一兩七錢

十五年十二月朔大兵入城知縣鄭人樸死之

十六年邑侯趙　計擒米玉及其餘黨盡殺之

秋八月范寇吳廷賓就擒境內始安

國朝

順治三年麥大熟

四年正月二十二日辰刻白環貫日而北日套一環外東南一環東北一環西南一環申刻始消

冬十月十五日土寇黃鎮山破城十一月邑侯阮鞠廷請兵平其營寇遁五年大亂廓外盜賊壘農桑俱廢村落焚毀殆盡七年三省部院張統兵合勦賊遁范縣榆園會黃河決濮范被水

冬十二月城復破八年春用舟師始平之賊渠黃
鎮山石嶽然張粹等皆授首邑里蕭條迄今尚
未復故
十年野多狼十一年狼入城噬幼童女人皆患之
至十三年始息
十一年八月初五日辰刻地震池氷蕩漾城堞多
圮申時復震
十五年冬大雪連陰四十餘日
康熙元年八月十九日至二十五日霪雨七晝夜

二年麥大熟三年冬孛星見

四年春大旱百姓饑餒邑侯丘晉憫之申請蠲賑

奉

旨本年錢糧盡蠲仍發銀米賑濟民受其賜

七年正月二十七日戌時白氣如練起自西南東

北向三日始消

夏六月十七日戌時地大震其聲如雷池水蕩漾

墻星多傾城堞圮者七十餘處八月十三日辰

刻復震八年八月十五日塔頂瑞烟起高數尺

八年四月十四日地震二十三日復震
九年二月初六日辰刻白環貫日而北上有冠下
有纓兩旁有珥此環外東南一半環西南一半
環向北又一半環東時始消九月二十三日午
刻天鼓鳴始若大砲聲者數繼若重車行石上
後如磨轉聲者久之是年大旱自春至秋七月
始雨稟生王建中呈爲實陳小縣之苦亟控大
旱之災呼籲垂救剖一歲之漕徵活須臾
之殘喘以留農人以甦重困事切炤朝邑居憲
綱之末地則鹵薄沙礫當西南之要民則頻雜
窮苦兼以兵燹之後村落邱墟地皆石田比及
流民復業穴居露處尙以草木爲糧胼手胝足

惟用人力找耕然新墾之土未熟而常例之賦
已編雖嘗粒米狼戾却致金生粟死斗米三錢
極終年之勤動不足以完條銀十室九空罄數
口之衣食亦難以償逋欠不意天災流行又罹
朝土自春徂暑苦無涓滴靈雨由夏迄秋更爲
酷烈愆陽二麥悉槁不見片隴翻黃五穀未佈
誰睹一穗結實縷野胥成赤地十七里之平原
淨如箒掃黃沙并絕白茅二萬戶之窮簷空若
罄懸握草根以供爨翻盡陌上之土雜木葉而
爲食剝徧樹頭之蕁斗粟易一牛廢農事而耕
犢棄盡于縷貿升穀罷紡織而杼軸皆空流離
載道瑣尾堪嗟枵腹已艱力役之苦絕粒奚供
粟米之徵漕儲雖係單需徵收實關民命伏叩
穀莫邦本節宣民天憫子瘠于溝中暫救燃眉
之急登殘黎于席上稍寬剜肉之悲據實轉申
倘蒙　特豁則漕糧舊額免一縣即活一縣生
命而獨卹新恩早一日即安一日人心存亡係
在旦夕桀痒須此一舉爲此具詳申報　撫院

袁特疏奏
允蠲本年錢糧十分之三
十年秋蟲生五色大如指長三寸樹結桑繭秋市
如春　冬大雪人多凍死
十一年夏蝗秋蝻禾稼殆盡廪生王建中復陳異災伏叩轉申畧日朝
城兵燹之後繼以凶荒顛沛流離二十年于茲
矣乃去歲亢烈非常二麥懸耒三時若冬業已
嗷嗷待斃幸而仰叨
皇恩正期歲稔償債豈意天災頻罹旱魃之殃復更
半載或有苗而而未秀日見焦枯或僅秀而不實
盡屬糠粃將處暑而滂沱雖足釋赤壤之渴近
白露而霢霂安所施神農之力即有萌蘖之生
難得穎栗之好穀禾穗溢成灰械糧潰壞爲臭
兼以異虫忽自天降災蝟輒從地生類聚五色
而成異勢過飛蝗形徑四寸而叢毒烈於蠶蝻

心葉之嚙食已盡根節之蠹毀若焚炎火秉畀而無方田祖徧祈而莫效隴邊雖有草青青升斗弗獲田畔未見黍離離粒米盡罄數口之俯仰無資半斛之艘運何輸老幼呼痛羣黎待甦鄰災已有詳報朝城自宜申聞伏乞垂念節年凶戾查勘目今奇處倘蠲卹之詔早下庶重困之命再活呈入不果行

十三年春正月二十五日大雷電連陰多雪

三月初四日午刻數霹靂晝晦牙行趙光陛擊死於南關郊家橋

【光緒】朝城縣志略

（清）李熤纂修

清光緒間鈔本

災異門

乾隆十七年蝗蝻為災

道光五年地震

道光二十七年亢旱八月始雨民多飢死

咸豐八年蝗蝻為災

同治四年無麥

光緒二年無麥是年閏五月二十七始雨布種甚

皆異之以為災後之祥

光緒六年夏大旱三越月而後雨秋收獨豐

光緒十年秋大水

光緒十五年兩次地震

光緒十六年夏霪雨城外水深數尺行人往來悉以舟楫

【民國】朝城縣續志

杜子楙修　賈銘恩纂

民國九年(1920)刻本

災祲

傳曰天災流行國家代有風雨蝗蝻水旱癘疫此固天數亦人事之不善致之洪範九疇天人之際捷於影響善則降之以祥不善則降之以殃理固然也漢之時魯恭蓋饒一邑令耳異政所招天猶應之蝗不入境虎負渡河反災為祥載之史冊至今猶嘖嘖焉有民社之責者盍勗諸

道光二十七年大旱無禾人民流離餓死者十之三

咸豐元年大風拔木日月失明
同治元年大旱秋無禾
光緒十四年大旱無禾至七月中旬霪雨爲災房屋倒塌十之二三
光緒三十三年大旱穀禾枯死糧賦豁免
民國六年雨水爲災被淹者十之七
民國八年旱不成災
四月初二日暴風肆虐秋瘟毒盛行病十之三死十之一

民國九年無麥春夏大旱赤地無禾五月二十七雨僅種晚禾又多旱甦不旱之處復遭蝗蝻邑令督捕躬不憚勞糧價騰湧米麥斗值制錢六千粗糧亦如之貧者扐食樹葉日不能飽中戶以下皆困急

七月霍亂疾病發生死者十之二三

暴風記　謝得所

巳未四月初二日中時自西北突來暴風頃刻天昏地暗鳥不及巢馬不識途黑漆漆如入山洞在

家者急掩其門在路者緊閉其目但聞颼飀滿耳腥羶熏腦人人惡縮战兢神魂失據而不知所為少焉紅風繼至儼若祝融下降朱雀燒空即周郎之赤壁一炬其烈燄漲天未能彷彿萬一較諸鷁之退飛天之雨血其災變殆有甚焉是蓋人事多乖上干天怒故遣風伯肆虐布散瘟毒於兩間不惟木拔瓦飛廬飄舟覆顛施威烈而且癘疫之種於人畜者無窮謂之爲恒風則不類謂之爲怪風亦非過也人可不知所修惧哉

【道光】冠縣志

（清）梁永康修　（清）趙錫書纂

民國二十二年（1933）鉛印本

雜錄志

經爲說郛史存記體故事有足錄文不可刪爰別爲一編以附卷末雖輯綴紛紜而網羅散佚儻亦采風者所樂觀也志雜錄

祲祥

宋仁宗天聖十四年四月冠氏等八縣水浸民田

元世祖至元十四年冠州水

泰定帝致和元年夏四月東昌冠州饑

文宗天歷二年冠州旱

至順二年冠州有蟲食桑四十餘萬

明成化六年八月不雨至次年二月始雨　十五年秋大水平地深尺餘不稼淹沒殆盡次年民饑　十九年春夏大旱民饑

宏治六年旱民饑　十年三月大風隕魚于市

正德十年夏不雨至次年四月雨　十一年冬雞生三足

嘉靖十四年四月雨雹自西北來大如鷄卵麥盡傷十四年六月初旬飛蝗驟至食苗幾半至末旬蝻生積地至三五寸七月中旬米價騰漲盜賊大起縣令王世璜曰率兵丁千餘名四境捕盜審明即斬棄屍東郭外人爭剮之頃刻俱盡

國朝順治二年九月蝗蝻食麥苗　三年七月飛蝗過境三日不

爲大害　五年閏四月大雨雹　十年閏六月淫雨不止民房淹倒陸地行舟城東一帶田禾盡沒　十一年五月大雨麥田多壞八月地震　十二年三月雨雹五月飛蝗至無大害

康熙四年五六月雨雹未大傷不冬煖　七年六月地震戶人壞十之四五　八年五月雨雹傷麥八月九月又雨雹傷蕎菽城東尤甚冬煖　十年四月雨雹未傷麥至五月又雨雹傷麥　十一年四月大雨雹城東一帶麥苗盡地連震六月飛蝗至穀田有未食者有食既者閏七月城南城北蝻子生食晚苗殆盡十四年四月雨雹五月隕霜損麥又雨雹閏五月飛蝗至六月蝻生無大害　十八年七月地震　四十九年有年　五十年

大有年禾秀雙歧　六十年春旱無麥

雍正四年大水　八年秋大水

乾隆十三年大疫二十二年衛河決自元城小灘鎮漫入縣境城

四門皆屯秋禾淹沒　五十一年大旱歲饑瘟疫流行　五十

九年秋大雨衛河漫口縣及館陶被水成災

嘉慶六年大雨水　十八年大旱歲饑　二十四年秋大水

道光元年夏六月大疫民多霍亂轉筋之疾死者甚衆　二年大

雨水衛河決浸民田　三年衛水決新北等處被水　五年旱

蝗生　六年春大風霾　八年有年九年冬十月地震　十年

夏麥大熟閏四月己酉地震

【民國】冠縣志

侯光陸修　陳熙雍纂

民國二十三年（1934）刻本

冠縣志卷之十

雜錄志

經爲說郛史存記體故事有足錄文不可删

爰别爲一編以附卷末雖輯綴紛紜而網羅

散佚儻亦采風者所樂觀也志雜錄

祲祥

宋仁宗天聖十年四月冠氏等八縣水侵民田

元世祖至元十四年冠州水

泰定帝致和元年夏四月東昌冠州饑

文宗天歷二年冠州旱
至順二年冠州有蟲食桑四十餘萬
明成化六年八月不雨至次年二月始雨　十五年
秋大水平地深尺餘禾稼淹没殆盡次年民饑
十九年春夏大旱民饑
宏治六年旱民饑　十年三月大風隕魚于市
正德十年夏不雨至次年四月雨　十一年冬鷄生
三足
嘉靖十四年四月雨雹自西北來大如鷄卵麥盡傷

二十年夏大旱秋澇　二十一年民大饑是歲
夏旱蝗不爲災　二十二年秋禾稔有雙穗者
二十三年大水　二十四年大有年
隆慶二年大水　六年夏大水
萬歷八年春大風霾　十一年夏有流星如月　十
四年夏大風八月隕霜殺蕎菽歲大饑　十五年
民岳殿妻生四男　二十年秋七月大水人多巢
處稼盡傷九月地震坑水溢　二十一年二月大
雪平地尺餘是年豐　二十二年四月有氣自南

來其熱如炙樹葉盡捲　二十四年夏雨雹如盌
木盡傷瓦屋皆碎　二十五年李當堡井水化爲
血　二十七年五月蝗　三十一年秋禾大熟民
郭九疇得雙穗者百餘莖　三十二年雨冰樹盡
折民趙可立家鷄生四足　三十四年蝗飛蔽天
稼大傷　三十五年秋七月大水以上舊志
崇禎十三年春大風霾蝗蝻生粟一石值銀十兩草
根樹葉計觔易銀夏大疫死者相枕盜掘食新死
人至父子相食行人路絕一村之中不相往來

十四年六月初旬飛蝗驟至食苗幾半至末旬蝻
生積地盈三五寸七月中旬米價騰湧盜賊大起
縣令王世瑛日率兵丁千餘名四境捕盜擒明卽
斬棄屍東郭外人爭剖之頃刻俱盡
淸朝順治二年九月蝗蝻食麥苗　三年七月飛蝗
過境三日不爲大害　五年閏四月大雨雹　十
年閏六月霪雨不止民房淹倒陸地行舟城東一
帶田禾盡沒　十一年五月大雨麥田多壞八月
地震　十三年三月雨雹五月飛蝗至無大害

康熙四年五六月雨雹未大傷禾冬煖　七年六月地震民居壞十之四五　八年五月雨雹傷麥八月九月又雨雹傷蕎菽城東尤甚冬煖　十年四月雨雹未傷麥至五月又雨雹傷麥　十一年四月大雨雹城東一帶麥苗盡傷地連震六月飛蝗逕穀田有未食者有食既者閏七月城南城北蝻子生食晚苗殆盡　十四年四月雨雹五月隕霜損麥又雨雹閏五月飛蝗逕六月蝻生無大害　十八年七月地震　四十九年有年　五十年大

有年禾秀雙岐　六十年春旱無麥
雍正四年大水　八年秋大水
乾隆十三年大疫二十二年衛河決自元城小灘鎮
漫入縣境城四門皆屯秋禾淹没　五十一年大
旱歲饑瘟疫流行　五十九年秋大雨衛河漫口
縣及館陶被水成災
嘉慶六年大雨水　十八年大旱歲饑　二十四年
秋大水
道光元年夏六月大疫民多霍亂轉筋之疾死者甚

衆　二年大雨水衛河決浸民田　三年衛河決
新庄等處被水　五年旱蝗生　六年春大風霾
八年有年　九年冬十月地震　十年夏麥大熟
閏四月己酉地震　二十二年春西南夜出白氣
如練長丈餘月餘乃滅　二十七年歲大饑道殣
相望
咸豐元年大風拔木日月失明　八年夏四月黄風
起拔木掀屋　十一年七月長星亘天
同治元年秋大旱無禾　九年春糧價昂

光緒三年秋大旱糧價昂　四年春黃風屢起蝗多晦二麥死餓殍載道秋有年　五年春大旱秋大水　九年秋大水山博兩鄉半成澤國　十四年大旱　十七年秋大水傷禾　十九年秋衛河大決口冠境村莊半成澤國秋禾多被淹沒　二十五年秋大旱麥未播種　二十六年春夏旱野無青草七月初二日雨晚禾始種又八月二十七日霜禾稿不實民盡菜色　二十七年正月十九日與二十九日均大風尚不爲災二月初九日辰刻

黑風突起紅沙障天見星始已行人斃於途大寒麥立枯五月十七日大風拔木秋大熟　三十三年大旱穀禾多枯死

民國四年八月初七日城南雹大如鴨卵亦有大如人首者逾時乃止晚禾多被打傷　七年大有年　八年秋旱五穀不登麥未種九月地震　九年旱大饑民多菜色　十一年麥大熟秋青蟲害稼　十五年六月大風雨拔木傷稼屋瓦飛　十六年大旱禾盡槁大饑　十七年春無雨夏六月初

七日雨八月十二日隕霜殺穀大饑賣子女於他省者約千餘口　十八年春大風傷麥正月二十一日隕星城西乜村秋又霪雨爲災　十九年麥大熟　二十二年大有年穀賤傷農

【光緒】高唐州志

（清）周家齊修　（清）鞠建章纂

清光緒三十三年（1907）刻本

磯祥舊志稍畧按郡志五行篇
磯祥編錄其統言郡省者不書

漢

元帝永光舊志誤嘉五年河決靈鳴犢口

唐

元宗開元十年六月河決博州

宋

神宗熙寗九年四月大風舊志

金

宣宗興定五年正月慶雲見

元

世祖至元元年高唐博州大水 五年恩州高唐大水 十八年高唐等縣蝨害禾稼本紀 二十七年八月御河决高唐没民田舊志

成宗大德七年五月恩州高唐霖雨本紀

武宗至大三年四月茌平高唐等縣蝗 四年高唐州水

仁宗延祐六年六月東昌高唐諸處大水

英宗至治元年高唐等處水害稼舊志

泰定帝元年九月高唐及諸衛屯田水

文宗天歷二年高唐州有蟲食桑如枯株　至順元年饑　四月州屬縣蟲食桑葉盡　五月蝗水　二年五月蟲食桑

順帝七年十二月恩州高唐等處饑　九年七月乙卯大霖雨水没高唐州城本紀

明

英宗正統四年饑舊志

孝宗宏治十五年九月十七日戌時高唐地震如

雷壞官民廬舍

世宗嘉靖二十四年大有年　三十一年十一月二十五日戌時地震舊志　三十二年九月二十七日有星起自東北飛向西北而隕其形如日其光如燭舊志列異事謂盜星就擒之驗

神宗萬歷三十年蝗

懷宗崇禎十二年蝗　十三年夏至秋不雨　十四年有鼠千百成羣食禾黍舊志

國朝

順治十四年三月初五日隕霜　十五年四月隕
霜殺麥　六月霜舊志作雪
康熙三年十月彗星見　四年饑　七年六月十
七日地震梁村興國寺塔圮四級　九年旱
十一年六月二十四日地微震　十二年二月
二十九日夜有黑氣自西南横亘西北三條數
百丈移時乃没　四十二年夏大水　四十九
年七月瑞穀雙歧多至三四穗者（郡志）知州龍
奏　　　　　　　　　　　　　　圖躍詳院入

雍正元年夏四月旱風

乾隆八年旱　五十一年旱　五十五年水　五十七年旱

嘉慶七年蝗　十七年旱彗星見　二十四年冬大雪

道光元年四月初一日日月合璧五星聯珠　二年疫大雨水　三年水　五年大風　九年冬十月二十二日夜地震　十年夏閏四月二十二日地震　十四年四月初六日大風晦　秋

大有年

各志紀日有食之舊志郡志未載故仍之又

年逾百歲者別列爲

恩榮

附

祈雨木郎歌

乾精瑤輝玉池東明威聖者命靑童擲火萬里

坎震宮雨騎迅發來大濛木郎太乙三山雄霹

靐破石泉源通坤還與上皓靈翁猛馬四張欻

火衛流精鬱光奔祝融巨神太華登雲中黑旛

皂纛揚虛空掩朦蒸雨屯雲濃閃伯撼動崑崙

峯幽靈飈海元溟同馮夷鼓舞長呼風蓬萊弱

水都興功龍鷹健疾先梟兇朱髮巨翅雙日彤

雷電吐毒驅五龍四溟霹靂羅杳容一聲四海

昔昏濛雨陣所至川流洪金光流精斬旱虹洞

陽幽靈召靈瘖玉宙皓師變崆峒虛皇泰華搖

妖燄群梟元黃號前鋒祠泉恣蜃威天公欻火

律令繈膂鞭擊妖魅驅蛇蝗勾斐吉利焚赫
蹤發徵澤願悉聽從織女四歌心公忠輔我救
旱助勳隆赤雞紫鸞飛無窮攝虐縛祟送北酆
詞近道家者言然亦寓吁之遺意也乙未春
夏久旱禱于城北東嶽廟于禪房得祈雨成
法一書原本春秋繁露載有水郎歌詞誦禱
有驗因附記之

捕蝗錄

○蝗之所自起
蝗之起必先於大澤之涯及驟盈驟涸之處昔
人以蝗為蝦子所變而成確不可易在水長盈
之處則仍又為蝦惟有水倏涸草留涯際蝦子
附之既不得水乘濕熱之氣變而為蝗故涸澤
有蝗蓋地有蝗無容疑也
任助速異記云江中魚化為蝗而食五穀
太平御覽云豐年蝗變為蝦　爾雅翼言蝦
善遊而好躍蝻亦好躍　有僧云蝗有二鬚
蝦化者鬚在目上蝻子入土孳生者鬚在目

下以此可別

○蝗之所由生

蝗既成矣則生其子必擇堅垎黑土高亢之處用尾栽入土中其子深不及寸仍留孔竅勢如蜂窩一蝗所下十餘形如豆粒中止白汁漸次充實因而分顆一粒中即有細子百餘蓋蝗之生也羣飛羣食其子之下也必同時同地故形若蜂房易尋覓也

老農云蝻之初生如米粟不數日而大如蠅能跳躍羣行是名爲蝻又數日羣飛而起是名爲蝗所止之處喙不停嚙故易林名爲飢蟲又數日而孕子於地地下之子十八日復爲蝻蝻復爲蝗如是循環相生害之所以廣也

○蝗之所不食

蝗所不食者豌豆菉豆豇豆大麻苘麻芝麻薯蕷水中菱芡蝗亦不食若將稈草灰石灰二者等分爲細末或灑或篩於禾稻之上蝗則不食

○蝗之所畏懼

飛蝗見樹木成行或旌旗森列每翔而不下農家若多用長杆掛紅白衣裙羣然而逐亦不下又畏金聲炮聲聞之遠舉鳥銃入鐵砂或稻米也擊其前行前驚奮後者隨之而去矣凡蝗所住之處片草不存一落田間頃刻千畝皆盡故欲其逐之非此數法不可以類而推爆竹流星皆其所懼紅絲紙旂亦可用也

○蝗之所由除

蝗在禾稼深草之中者每日清晨盡聚草稍食露體重不能飛躍宜用筲箕栲栳之類左右抄掠傾入布囊或蒸或煮或搗或焙或掘坑焚火傾入其中若只掩埋隔宿多能穴地而出蝗在平地上者宜掘坑於前長濶為佳兩旁用板或門扇等類接連八字擺列集衆發喊手執木板驅而逐之入於坑內又於對坑用掃帚十數把見其跳躍行上者盡行掃入覆以乾草發火燒之然其下終是不死須以土壓之過一宿乃可

一法先燃火於坑內驅而逐之詩云秉畀炎火
即此是也
蝗若在飛騰之際蔽天翳日又能渡水撲治不
及當候其所落之處糾集人衆各用繩兜兜取
盛於布袋之內而後致之死
此上三種之蝗見其既死仍集前次用力之
人舁向官司或錢或米易而均分否則有產
者或背出力無產者誰肯徒勞古人立法之
妙亦嘗見之於衆朝矣列之於後
○蝗之所可滅
有滅於未萌之先者有司官查地方有湖蕩水
涯及乍盈乍涸之處水草積於其中者即集多
人給其工食俾水芟刈斂置高處待其乾燥以
作柴薪如不可用就地燒之
有滅於將萌之際者凡蝗遺子在地有司當令
居民里老時加尋覓但見土脈墳起即便去除
不可稍遲時刻將子到官易粟聽賞
有滅於初生如蟻之時者用竹作搭非唯擊之

不死且易損壞宜用舊皮鞋底或草鞋舊鞋之類蹲地摑搭應手而斃且狹小不傷損苗種一張牛皮可裁數十枚散與甲頭復可收之閩外國亦用此法

有滅於成形之後者既名爲蝻須開溝打捕掘一長溝於溝之深廣各二尺溝中相去丈許即作一坑以便埋掩多集人衆不論老幼沿溝擺列或持掃帚或持打撲器具或持鍬鍤每五十人用一人鳴鑼蝻聞金聲則必跳躍漸逐近溝擺則大擊不止蝻驚入溝中勢如注水衆多用力掃者自掃撲者自撲埋者自埋至溝坑俱滿而止一村如此村村如此一邑如是邑邑皆然何患蝻之不盡滅也

果能行之于未成將成已成之後蝗類自滅何至蝗陣如雲荒田如海但窮民非食不生苟不厚給活其身家誰肯多人合力不盡殲之而不已茲雖然給之厚矣有司若不親加料理爲不如弗爲吏胥之所侵食也故撲除之

法有二一在責重有司一在厚給衆力敢錄前人之善政以爲後世之良規焉

各書載捕蝗之法詳矣唯此簡而且賅道光十六年奉藩司劉[redacted]頒發謹並載于篇

父老安

昇平之樂久矣所愁苦者歲或不登耳然轉歉爲豐有休無咎雖曰天時豈非人事哉州境地土荒而不治者少間遇災祲不外旱澇虫三者而已水溢爲患未可旦夕謀也亦非一州一邑之事也尋原委于古河開溝渠于隙地方域川渠具載於前如何便民而不至於擾民在善爲之而已至于旱乾之年束手無策唯恃祈禱之一念誠求耳若夫蝗蝻則人力易施故錄各條于後俾州人士咸覽觀而得驅除之法民治之固甚便于官治之也嗚乎豈獨捕蝗也哉

咸豐八年大水

同治九年蟲傷禾　十年秋霪雨八日

光緒二年旱閏五月十七二十七日始大雨頗有

秋　三年歲饑　四年春大風晦　二十二年

秋旱　二十七年六月下旬霪雨大風四日壞

民房十之三四　三十二年七月十九日雹傷

晚禾十數村餘村慶大有自三十年至三十二

年連歌大有

（清）李賢書修　（清）吴怡等纂

【道光】東阿縣志

民國二十三年（1934）鉛印本

東阿縣志卷之二十三

賜進士出身山東泰安府東阿縣知縣嵩陽李賢書鳴鹿甫裁定

祥異志

兩暘寒燠風天之所以化成萬物也貌言視聽思人之所以修省一身也讀洪範庶徵一篇善行則召休徵曰時若惡行則召咎徵曰恆若以此知天人之應捷於影響矣春秋爲聖人訓世之書二百四十年間紀災異而不紀祥瑞所以戒亂戒逸者意深遠哉漢世諸儒推衍春秋之說若近於禨祥拘忌而天文五行諸志未始不災祥並載究之言災者多言祥者少豈亦春秋意耶蓋時和年豐家給人足即不書祥瑞而祥瑞在其中矣若夫陰陽之愆星日之變上天所以垂象示儆也王省惟歲卿士惟月師尹惟日阿雖小邑亦師尹之職也可忘一日之修省乎志祥異

漢

高帝三年十一月癸卯晦日有食之在虛三度
文帝七年十一月戊戌土木合於危
十二年冬十一月河決酸棗東潰金隄興卒塞之
景帝七年十一月庚寅晦日有食之在虛九度
武帝元光三年河決瓠子南注鉅野元封二年發卒數萬人塞瓠子決口築宮其上名
日宣房
成帝建始四年河決潰金隄以王延世爲河隄使者塞之隄成改元河平

東漢

光武帝建武二年正月甲子朔日有食之在危八度
十二年六月黃龍見東阿
世祖建武十二年黃龍見東阿
安帝永初五年正月庚辰朔日有食之在虛八度

元初三年十一月甲午客星見西方巳亥在虛危

靈帝光和五年十月歲星熒惑太白三合於虛相去各五六寸如連珠

魏

明帝景初元年九月淫雨水出溺殺居民漂失財產

二年十月癸巳客星見危

晉

武帝咸寧三年十月大水

惠帝永寧元年七月歲星守虛危

二年十一月熒惑太白鬬於虛危

元帝太興三年四月壬辰枉矢在虛危

孝武帝太元十三年十二月戊子辰星入月在危

安帝隆安五年三月甲寅流星赤色衆多西行經牽牛虛危天津閣道貫太微紫宮

濟南英華街午夜書店印

義熙二年十二月景午月掩太白在危

南北朝

宋武帝永初三年二月辛卯有星孛於虛危向河津掃河鼓十月癸巳客星見危逆行

在離室北騰蛇南

六年十一月十五日太白填星合於危

順帝昇明三年四月歲星在虛危徘徊元枵之野

南齊高帝建元四年七月戊辰月在危宿蝕

東昏侯永元九年四月癸未月在歲星北爲犯在危度

十年五月甲戌月行在危度入羽林九月癸亥月行犯填星一寸在危度十月辛卯月行在危度入羽林

十一年四月壬寅月行在危度無所犯

魏道武帝天賜三年十二月丙午月掩太白在危

明元帝神瑞七年二月辛巳有星孛於虛危
太武帝始光二年月犯熒惑在虛
神嘉三年六月丙子有大流星出危南入羽林
孝文帝承明元年四月辛酉大風雹
太和十五年三月壬子歲星犯填在危癸巳水火土合宿於虛
十七年正月戊辰金木合於危
宣武帝永平三年閏月乙酉月在危蝕
延昌三年四月有流星起天津東南流櫟虛危
孝明帝正光二年四月甲辰火土相犯於危十一月辛亥金土又相犯於危
靜帝武定八年三月甲午歲填太白在虛熒惑又入之四星聚焉
北齊後主天統元年六月壬戌歲星見於文昌經紫微宮西垣入危漸長一丈餘指室
壁百餘日在虛危滅八月孛星入天市漸長四丈犯匏瓜歷虛危九月入室至婁而

濟南美業街午夜書店印

滅

周武帝保定二年十一月壬戌熒惑歲星合於虛南

五年六月庚申彗星出三台入月漸長一丈餘指室壁後百餘日稍短長二尺五寸在

虛危滅

宣帝大象元年十月乙酉熒惑在虛與塡星合

隋

文帝開皇十四年十一月庚未有星孛於虛危

唐

太宗貞觀元年夏旱

六年正月乙卯朔日食在虛九度

八年八月甲子有星孛於虛危歷元枵乙亥不見

元宗開元四年蝗食稼聲如風雨

德宗貞元二年夏蝗羣飛蔽天旬日食草木葉俱盡餓殍枕野

文宗開成二年二月彗出於危指南斗

五年夏螟蝗

僖宗乾符四年七月有大流星如盃白虛危歷天市入羽林滅

昭宗乾寧三年十月有客星三一大二小在虛危間狀如鬭經三日而二小星沒其大星後沒

天復二年鎮星守虛三年二月始去

五代

後唐潞王清泰五年十一月丁未彗出虛危掃天壘及哭星

晉出帝開運元年六月河決環梁山入於汶濟

三年秋七月河決楊劉

周文帝顯德初河決楊劉口宰相李穀監治隄以遏之水患稍息自此決河不復故道

濟南芙蓉街午夜書店印

離而爲赤河

宋

太祖乾德三年河溢

四年七月東阿河溢壞民田

開寶二年東阿河水爲災遷治南穀鎮

四年六月鄆州河及汶清河皆溢注東阿縣倉廩及民舍

六年河決鄆州楊劉口

太宗太平興國二年東阿六城圮遷治利仁鎮九月鄆州清汶二水漲壞東阿民田

至道元年七月癸丑有星出危色青白入羽林沒

眞宗咸平三年五月鄆州河決王陵埽

景德四年九月東阿蝗

乾興元年五月壬午有星出危赤黃有尾跡速行而東炸如迸火隨至羽林東南沒

仁宗慶歷元年八月壬午夜有黑氣起西南長七丈貫危宿羽林入濁至天津良久散

五年六月壬戌有星過危至虛有尾跡光燭地

皇祐元年二月丁卯彗星出虛晨見東方西南指歷紫微至婁凡一百十四日而沒

神宗熙寧元年八月須城東阿二縣地震終日

二年秋七月丁卯星出月南如太白西南急行至學壁沒

哲宗紹聖二年東阿水壞城遷治新橋鎮

高宗紹興十六年十二月庚寅彗星見西危南宿

孝宗淳熙六年十一月甲子熒惑合歲星於危

光宗紹興五年十一月庚戌填星與熒惑合於危

理宗紹定元年十月丁巳熒惑與填星合於危

端平十年十二月填星與歲星合於危

金

章宗明昌二年十一月乙丑金木星二見在日前十三日方伏而順行危宿在羽林軍

上壘壁陣下光芒明大

宣宗貞祐三年十二月庚寅太白晝見於危八十五日乃伏

興定五年六月戊寅日將出有氣如火歷虛危東西不見首尾移時沒

元

世祖中統七年三月地震河水搖動七日乃止

至元十九年大蝗

成宗大德二年二月辛酉太白歲星宗熒聚危

五年十月壬寅太陰犯虛

仁宗延祐六年六月大雨水害稼

順帝至正二年五月東平路東阿縣雨雹大者如馬首

四年七月大水饑十二月地震

五年春大饑人相食

七年三月地震河水搖動

十九年蝗食禾稼木俱盡人相食

二十年二月隕霜殺桑

二十二年二月己酉彗星見危宿長丈餘色青白

明

太祖洪武二年張秋河決

八年河淖沒邑城奏遷於穀城故址

英宗正統十三年七月河決壞沙灣隄由大清河入海命工部侍郎石璞治之

景帝景泰三年四月甲申熒惑與歲星同犯危是年河復決命徐有貞治之六年沙灣

河功成

英宗天順元年五月丙戌彗星見危若動搖者東行一度芒長五寸指南

濟南美華街午夜書店印

五年十一月甲子太白熒惑合於虛

八年二月丙午填星歲星太白聚於危

孝宗宏治二年河決封邱金龍口水張秋命戶部侍郎白昂塞之

五年三月河決黃陵岡潰張秋東隄由大清河入海命太監李興平江伯陳銳都御史

劉大夏往治之八年決口塞賜鎮平安

七年十二月丙寅有星見天江旁徐行近斗至八年正月庚戌入危

十五年秋九月地震有聲如雷

武宗正德六年河決張秋東隄是年流賊楊浣過境大掠

世宗嘉靖二年春夏旱秋有蝗

八年春大饑相食

三十年大雨雹

三十一年大水壞民居禾稼

三十二年大饑死者相枕藉行旅不通
三十五年地震
三十九年旱有蝗
神宗萬歷四年大水
九年十二月癸巳太白犯填星入危
十六年大旱
三十二年九月辛酉填星歲星熒惑聚於危
三十四年夏蝗秋蝻十一月庚辰熒惑掩歲星於危
三十八年十一月辛亥太白犯填星於胃
熹宗天啓二年二月地震是歲妖賊徐鴻儒作亂邑境大恐
莊烈帝崇禎十四年大旱飢人相食十一月十六日流賊李青山破張秋
國朝

濟南□□□□□□□□印

世祖順治二年二月有黑氣起西北聲如鼎沸正午忽晦咫尺莫辨大風發屋拔木移

時向東南去

四年十一月十三日土賊丁維均夜破張秋戕兗州府知府陳全國牽關梁之

五年土寇出沒無定邑有震鄰之恐

六年土寇刦掠魚山諸村落人心洶洶知縣史三策躬擐甲冑破之

七年河決荊龍口由大清河入海淹沒邑境六十七村莊廬舍俱盡

八年黃水為災夏多霪雨城郭塌毀秋八月地震有聲

九年河水為災

十年河水為災

十一年河水為災秋冬旱

十二年河水為災

十三年獲瑞麥大有年

十五年大有年

十八年夏旱秋大饑

聖祖康熙三年夏四月東阿隕霜殺麥冬彗星見辰巳之交

四年春旱麥蠹槁　詔免本年錢糧發粟賑濟

七年春正月昏彗星見於西方六月十七日戌時地震如兵車鐵馬之音城郭廬舍傾圮壓死人畜甚多至七月十七日又微震至八月十三日卯時又微震

十一年正月二十一日戌時星大如斗其赤如日自西而東散作七星光耀燭天

十八年七月庚申地震

十九年十一月戌時彗星出西南遞東北兩越月而沒十二月己亥地大震

二十四年錢糧全蠲

三十二年大水

三十九年大水

四十一年大水
四十二年大水民大饑 特遣京官賑濟將四十一年錢糧蠲免本年錢糧緩徵
四十五年 詔將四十二年帶徵錢糧蠲免並四十三四兩年錢糧全蠲
四十七年旱被災之處錢糧照分數蠲免
五十一年二月癸亥黑紅大風申至亥方止
五十二年錢糧全蠲
五十三年旱
五十四五六年五穀大熟
六十一年七月河決釘船幫口直趨張秋潰運河東岸下大清河入海 命大學士馬
齊等治之十二月功成
世宗雍正元年旱蝗
三年二月庚午日月合璧五星聯珠

五年七月縣民劉虎之妻一產三男

八年六月霪雨河決沙灣口田廬多被淹沒　詔蠲賑有差

高宗乾隆四年河決周家口淹沒民田

九年蝗

十二年秋大水雨雹傷民屋田禾

十六年八月河決沖沒掛劍臺田廬殘壞　詔蠲緩賑濟有差

十七年蝗

三十九年秋逆賊王倫作亂破壽張攻陽穀邑有震鄰之恐是年冬地震

四十三年饑

五十年大旱民饑　詔蠲緩賑濟有差

五十一年大饑人相食

五十六年三月二十六日隕霜殺麥旋萌數日復發新苗麥收不減

濟南美華街午夜書局印

仁宗嘉慶元年大有年日月合璧五星聯珠

八年河決衡家樓漬張秋隄岸 由大清河入海 壞民田廬舍 詔蠲緩賑濟有差 命

兵部尚書費淳等駐張秋籌辦漕運次年 春決口塞夏運道成

十二年三月十二日酉時暴風色紅如火忽黑暗如夜至半夜止

十五年正月十七日大風自北來沙塵蔽天人對面不見終日乃止是歲春夏大旱

十六年旱有蝗秋彗星見于西方指入紫微舍百餘日方消

十七年大旱有蝗食苗稼特甚

十八年大旱秋大霪雨傷禾稼殆盡

十九年大饑日有食之

二十年自夏徂冬疫

二十二年旱

二十四年秋九月河決武陟由張秋減水壩歸大清河入海淹沒民田 詔賑濟蠲緩

有差是年冬大風拔木多淩草木皆白

二十五年春黃水爲災

今

上道光元年日月合璧五星聯珠自夏徂秋大雨水六月至秋盡民多轉筋霍亂之疾

死者甚衆

二年夏大雨浹旬壞樓房甚多傷禾稼特甚

三年春饑夏大雨水傷禾稼又甚

四年春饑夏五月二十五日戌時大風樓房石坊傾圮者甚多

五年夏旱秋彗星見

六年春旱多異風有蚩秋大蝗

七年夏四月朔日有食之

八年三月朔日有日食之九月朔又食

濟南英華街午夜書店印

周竹生修　靳維熙纂

【民國】東阿縣志

民國二十三年（1934）鉛印本

祥異

民國六年高粱生䖝南北千餘里

九年大旱自八年八月至九年五月無雨

十年夏霪雨三月

十一年先旱後澇有蝗

十二年三月麥苗凍死大半夏秋澇

十三年冬無雪

十四年春無雨

十五年夏澇

十六年大旱八月午星見南方

十七年三月南軍入城供給煩擾五月飛蝗徧野早苗無餘六月蝻蝻後生晚禾殆盡八月十二日嚴霜驟降重生苗禾凋謝無遺天災兵患民不堪命矣

濟南英華街午夜書店印

十八年夏大旱旱禾枯死晚禾未播連年荒旱民不聊生

十九年秋潦窪地淹沒

二十年六七兩月大雨兼旬壞民廬舍禾稼淹沒大半

周竹生修　靳維熙纂

【民國】續修東阿縣志

民國二十三年（1934）鉛印本

續修東阿縣志卷之十五

祥異志

天文五行志言祥異者綦詳上之陰陽消長之機下之人事感召之理和致祥乖致異有固然也讀洪範庶徵之篇休徵則曰時若咎徵則曰恆若繹孔子春秋之旨日食星隕並書有麥無禾兼載天人之應詎不捷於影響耶前志述祥異事三百餘條起於漢高帝三年止於本朝道光八年凡夫日星雨雹山川草木饑饉災祲之所由應不備載茲復採遺編搜往籍擇其關於阿邑而可徵實者九十餘條聊爲前志之續則凡可察天時占人事者胥視此矣志祥異

祥異

宋太祖乾德四年秋九月東阿須城縣蝗不爲災是歲諸路豐稔

宋仁宗皇祐元年春二月彗星出虛晨見東方西南指歷紫微至婁

神宗熙甯元年春三月詔河北轉運預計置賑濟飢民秋八月須城東阿二縣地震詔

濟南美豐甄午茂書店印

京東路存卹河北流民河北復大饑
南宋高宗紹興八年秋七月彗出東方冬十一月太白與塡星合於虛
紹興十年太白與塡星合於危是歲金人叛盟
紹興十六年彗星見西南危宿與熒惑與太白合於氐
孝宗隆興六年春三月熒惑與太白合於危
光宗紹熙五年冬十一月太白與塡星合於危
甯宗慶元五年冬十二月太白與塡星合於危
理宗淳祐十年太白與歲星合於危
景定四年夏六月益都東平諸路蝗蒙古減今年田租
度宗咸淳元年益都東平旱蝗二年又蝗
三年以東平等路蝗災免民戶絲料是歲山東諸路蝗冬十二月蒙古以諸路大水免
民田租

二十五年東平路須城東阿等六縣蝗
元成宗貞元元年秋七月東平路大水
大德二年春二月歲星熒惑太白聚於危
五年冬十月有流星自北起沒於危宿
武宗至大元年春二月東平等處大饑遣山東宣慰王佐同廉訪司賑之夏五月東平
東昌等處蝗
順帝至正五年春東平路東阿陽穀須城三縣饑賑之
七年春三月東阿陽穀平陰三縣地震河水動搖
十九年夏須城東阿陽穀三縣益都臨淄二縣濰膠博興三州縣皆蝗
二十一年夏五月東平路雨雹害稼
二十二年春二月彗星見於危夏四月長星見在虛危之間
二十五年夏五月須城東阿平陰三縣河決小流口達於濟河

濟南美華衚衕午夜書店印

二十六年春二月黃河北徙自曹濮等州下及濟甯皆被其害

明宣宗宣德八年春山東旱遣使賑卹夏四月復賑山東饑免稅糧

九年秋七月遣官督捕山東蝗冬十月發臨清倉賑飢民孝宗弘治六年春二月擢江

浙布政使劉大夏爲右副都御史治張秋決河四月山東旱飢是年以水災免鹽課

成化四十七年旱

五十一年大風自申至亥乃止

五十三年大旱

五十四年大稔

莊烈帝崇禎十五年山東賊陷張秋

淸世祖順治七年河決荊隆口潰張秋堤入大淸河漂溺東兗濟三年屬沿河州縣

聖祖康熙三年六月兗州府大旱飛蝗蔽天墜地如蟯螂冬十月彗星見

四年夏四月濟南兗州東昌靑州四府大旱飢

十六年含譽星見又卿雲見
五十一年濟南六府各進雙穗嘉禾
世宗雍正元年秋七月壽張等縣大水截留漕糧備賑
五年秋七月太白經天
六十年春正月朔日食望月食詔以天象示儆亟思修省所有慶典毋庸舉行
仁宗嘉慶四年夏四月朔日月合璧五星聯珠
八年秋九月東阿衡家樓河溢由大名入山東境菏澤等九州縣水截漕賑之
宣宗道光二十三年夏四月彗星見
二十六年東平東阿大水賑貧民一月口糧
三十年正月朔日有食之
文宗咸豐五年饑夏六月河南銅瓦廂黃河溢由東明直注菏澤分流至張秋穿運
歸大清河入海山東各州縣多被水秋七月截留漕糧五萬石備賑

濟南芙蓉街午夜書店印

九年東阿東平等縣被水賑濟災民二次

穆宗同治二年大飢人相食

八年冬十二月以今歲兩澤愆期月食再見直隸山東等處歉收詔加修省

十一年冬十二月乙未日重輪抱珥五色翌日如之

十三年五月彗星見

德宗光緒四年秋八月濮州范縣壽張東阿等縣水分別

七年夏五月彗星見

十二年夏五月未雲而雷自西北走東南聲聞千里

十三年夏六月直隸開州河溢濮范壽等七縣被水截漕賑濟秋八月河南鄭州河決

山東黃河斷流

十四年十二月鄭工合龍黃河入山東境仍由大清河入海

十五年春饑人相食

二十四年春正月朔日有食之夏六月大堤决於香山王家廟子
二十六年庚子秋七月太白經天
二十九年六月大雨山河皆溢東平東阿皆被水患
三十二年夏四月大風雨雹大如瓜南鄉麥無種樹皮打脫人多凍死
三十四年冬十一月頒登極詔以明年爲宣統元年攝政王監國預備立憲
宣統元年彗星二俱見於西南方夏蝗食禾稼
三年六月朔日色如血照地無光秋七月太白經天八月武昌起義冬十二月
今上皇帝遜位下詔共和

濟南芙蓉街午夜書店印

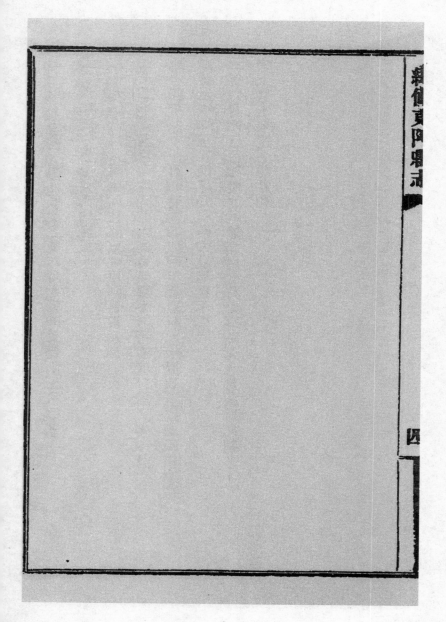

【康熙】陽穀縣志

（清）王時來修　（清）杭雲龍纂

抄本

災異

震恐修省萃戒不虞敬慎之道然也故邑有幾譴則書之非志災也使長民者識賑議蠲得為民請命之義也邑有兵警則書之非語乱也使固圉者議攻議守得上兵伐謀之義也前代莫可考自明以來紀其甚者作災異志

明

成化二十一年春至秋不雨蝗蝻滿地人相食

弘治五年冬無雪春無雨禾稼不生民饑捕鼠食者眾

弘治六年會通河溢淹沒官民舍千餘運艘覆者無

算時知縣馬思聰主簿孫紹各効力修治之三載平

正德六年流賊楊虎三千餘騎入城民被擄者眾資

産掠盡時典史傅愷先逃舉人吳鎧謀塹以死守守城眾阻之果陷鎧復謀設塚勉城卒以

相全

正德十三年秋霪雨沒野禾稼損毀魚徧生

嘉靖二年春三月黑風大起白晝如夜夏五月旱民

饑

嘉靖八年春饑人相食縣令龔秉賑濟饑民爭食自相踏死者千餘人

嘉靖十五年蝗蝻徧生知縣劉素驅民捕之

三十四年冬地大震有聲

三十六年縣治門外湧血

萬曆十五年民饑食樹皮殆盡

崇禎十三年大饑人相食甚有食死尸至于父子夫婦生烹而食者

十四年大疫人煙幾盡十五年冬閏十一月大兵攻城破之

國朝

順治四年冬十月土賊丁惟岳破城殺掠甚眾

十年夏六月大水城中乘桴田禾淹沒屋垣盡頹

十一年秋八月五日地土震如雷十月二十七日又震

康熙四年大旱條銀盡蠲賑濟饑民
六年旱蝗蝻徧野田禾盡損
七年夏六月十七日地大震有聲
九年大旱饑糧蠲十之三賑濟饑民
二十九年春大旱條銀通赦
四十二年大水民飢條銀蠲免放粮賑濟
五十一年二月十日黑風大作晝如昏夜燈火無光

【光緒】陽穀縣志

（清）董政華修　（清）孔廣海纂

民國三十一年（1942）鉛印本

災異

震恐修省卒戒不虞敬慎之道然也故邑有饑饉則書之非志災也使長民者議賑議蠲得爲民請命之義也邑有兵警則書之非語亂也使固圉者議攻議守得上兵伐謀之義也前代莫可考自明以來紀其甚者作災異志

明

成化二十一年春至秋不雨蝗蝻滿地人相食

弘治五年冬無雪春無雨禾稼不生民饑捕鼠食者衆

弘治六年會通河溢淹没官民舍千餘運船覆者無算（時知縣馬思聰主簿孫紹各効力修治之三載乃）

正德六年流賊楊虎三千餘騎入城民被擄者衆資産掠盡（時典史傅愷先逃舉人吳鎧謀斬以死守守城衆阻之果陷鎧復謀殺壕鋭賊卒以相全）

正德十三年秋霪雨没野禾稼損毁魚徧生

濟南翰墨齋南紙印刷局製印

嘉靖二年春三月黑風大起白晝如夜夏五月旱民饑

嘉靖八年春饑人相食縣令發粟賑濟饑民爭食自相踐死者千餘人

嘉靖十五年蝗蝻徧生知縣劉素驅民捕之

嘉靖三十四年冬地大震有聲

嘉靖三十六年縣治門外湧血

萬曆十五年民饑食樹皮殆盡

崇禎十三年大饑人相食甚有食死尸至于父子夫婦生烹而食者

崇禎十四年大疫人烟幾盡

崇禎十五年冬閏十一月大兵攻城破之

國朝

順治四年冬十月土賊丁惟岳破城殺掠甚衆

順治十年夏六月大水城中乘桴田禾淹沒屋垣盡頹

順治十二年秋八月五日地大震如雷十月二十七日又震

康熙四年大旱條銀盡蠲賑濟饑民

康熙六年旱蝗蝻徧野田禾盡損

康熙七年夏六月十七日地大震有聲

康熙九年大旱錢糧蠲十之三賑濟饑民

康熙二十九年春大旱條銀通赦

康熙四十二年大水民飢條銀蠲免放粮賑濟

康熙五十一年二月十日黑風大作晝如昏夜燈火無光　以上舊志

此下孔仙洲先生採訪

康熙五十四年夏秋之交大雨連綿禾稼被傷

康熙五十五年五月大雨如注平地水深數尺禾盡淹

康熙六十一年七月河決釘船幫口直趨張秋潰運河東岸下大清河入海

濟南翰墨齋南紙印刷局製印

命大學士馬齊等治之十二月功成

雍正二年聖廟災兩廡大成門及御碑亭俱燬

雍正三年二月庚午日月合璧五星連珠

雍正四年陽穀近河地方大水爲災

雍正八年六月霪雨河決沙灣口

乾隆二年秋大水

乾隆四年河決周家口

乾隆五年秋大水禾盡沒

乾隆十年饑 詔普免錢糧

乾隆十二年大饑特施賑濟

乾隆十三年春饑 詔免地丁銀兩

乾隆十六年八月河決沖沒掛劍臺

乾隆二十六年自夏徂秋不雨

乾隆三十一年大水

乾隆三十三年黑蟲爲災邪術四起割人髮辮

乾隆三十七年春旱

乾隆三十九年秋教匪王倫作亂起於壽張滋擾陽穀至臨清官軍盪平之

冬地震

乾隆四十三年大旱　詔普免山東錢糧

乾隆四十七年黑蟲爲災

乾隆五十年大旱歲歉

乾隆五十一年春大饑人相食

乾隆五十五年淫雨淹稼

乾隆五十六年三月二十六日隕霜麥盡槁數日復發新苗麥收不減

濟南翰都齋南紙印刷局製印

嘉慶七年秋飛蝗入境蝻復生

嘉慶八年河決潰張秋隄岸由大清河入海　命兵部尚書費淳等赴張秋籌辦漕運次年春決口塞夏運道成

嘉慶十年四月晦日隕霜麥禾多凍死

嘉慶十六年春大旱秋蟲災

嘉慶十七年旱饑盜賊蜂起

嘉慶十八年三月三日黑風大作春大饑麥秋歉收

嘉慶十九年元宵酉時地震歲大饑

嘉慶二十三年春旱秋飛蝗蔽野

嘉慶二十四年秋九月河決武涉由張秋歸大清河入海臘月十九日夜雨樹凝冰枝多折　詔普免山東歷年民欠正耗銀米

道光元年秋旱人多瘟疫死者甚衆

道光三年蝗爲災

道光五年春黑風一晝夜方止

道光六年春黑風終日殺春苗損廬舍秋大雨禾多淹

道光九年二月二十三日地震十二月地又震

道光十年閏四月二十五日酉時地震有聲如雷自是或一日一動或三四日一動至六月乃止

道光十五年六月飛蝗蔽野　詔免山東積欠錢粮

道光十八年閏四月蝗蝻生

道光二十一年春正月二月冬十一月十二月夜將半恆有燈火似繁星高低大小不等近曉乃滅　是年四月初六日朔風急麥多凍死

道光二十七年大饑道殣相望

咸豐三年三月初八日子時地震

濟南[illegible]紙印刷局製印

咸豐四年粵匪北犯陽穀城陷縣尊文殉難教諭李亦死文廟中

咸豐十一年彗星見壽張縣紅巾賊起三月初五犯陽穀城陷自是入壽張境騷擾黃河南北一帶莘邑人郝廣立李烈等在鄉間成十三團至十一月剿與官軍合攻竹口而滅之

同治元年土匪紛起秋大旱飛蝗蔽天晚禾一粒未獲

同治四年正月十三日酉時雷電雨雪

同治八年春旱夏蝗

同治九年六月二十四日夜大風雨大木斯拔

同治十一年秋邪術起剪紙作人形割人髮辮

光緒二年春旱秋饑

光緒三年春斗米值錢九百草根樹皮人爭食之秋大旱

光緒四年春仍旱野有餓殍

光緒五年春大旱秋大水

光緒十年四月雹災殊甚

光緒十二年六月蝗生徧野縣尊烈嚴令捕獲

光緒十三年夏旱秋河決東匝名被水

光緒十四年春大旱三月霜麥多不實五月四日地震秋張秋隄開禾被水

光緒十六年夏淫雨爲災

光緒十九年大水四月雨雹平地尺深大如雞卵

光緒三十年四月雨雹大如雞卵二麥僅能償種

【光緒】壽張縣志

（清）劉文煃修　（清）王守謙纂

清光緒二十六年（1900）刻本

災變

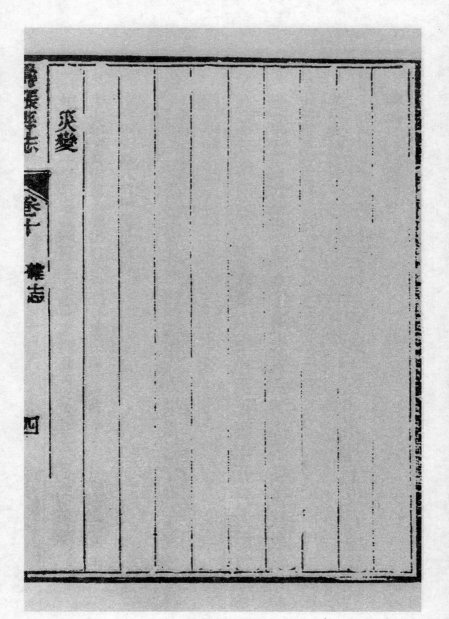

南北朝齊和帝中興二年春二月白虎見東平壽張安樂村

宋孝武六年地震梁山搖者二

唐開成五年夏螟蝗害稼

金大定六年河決陽武由鄆城東流入梁山二十九年河決
陽武故道東流至壽張注梁山濼

元順帝元統四年六月大饑人相食至正四年五月大雨二
十餘日二十三年秋七月河決東平壽張溺死者甚衆

明景泰三年夏五月河決梁隄以防之
弘治六年春大旱饑民掘鼠爲食十五年九月十五日地震
有聲如雷

正德六年八月薊賊劉七流賊楊虎等率衆數千剽掠至壽
張縣城失守
嘉靖二年三月十二日午時黑風晝晦至酉方消七年春夏
不雨秋蝗遍野八年春饑人相食三十年四月二十八日
大雨雹有如卵如拳如碗者二麥蕩然破屋損器物三十
一年大水平地水深三尺往來必舟行至郭門方底岸大
樹多淹死三十二年大饑人相食三十五年十二月地震
臥榻動搖屋宇震響三十九年大旱飛蝗蔽天四十一年
夏旱雨雹傷麥風沙拔樹損苗
萬歷十五年自春至六月不雨地皆赤十六年大旱民食樹

皮草根二十年夏秋霪雨傷禾稼平地溢水生魚二十一年春大饑五日[illegible]大水泛漲土河一帶田禾盡淹二十二年大水縣[illegible]陷之百姓日夜拮据二十九年八月十二日大風過境上拔木傾屋吹人與牛起空中旋轉捲穀三千束莫知所之落雨數點形大如甕三十年霪雨壞民舍道路街市可通舟楫三十四年六月飛蝗蔽日食禾過半三日飛去七月蝗蝻復生田禾被傷三十五年閏六月梁羊灘潭淵等賊大水泛漲繞城懷襄郭外登州土河[illegible]北五十餘里田禾淹沒民屋多傾倒壓溺漂死者甚衆四十三年自春至夏六月不雨大饑

泰昌元年十二月雨土地上凝結數寸大樹枝被壓塡塞道路

崇禎三年大旱五年大水六年除夕雷電雨雹十一年春大旱井泉竭黃風時作飛沙蔽天十二年旱蝗食禾草樹葉一空大饑人相食十三年多大風有腥臭氣十四年大饑人多瘟疫十五年壬午城陷十六年冬每夕西望天盡赤

國朝順治七年九月荆隆口水決直衝張秋淹及壽張百姓溺死逃亡者過半越九年二月水始退七月水復發十二年臘月水退田土淹沒冲塌僅存十之二三十四年大雨平地水湧出

康熙二年春大旱至六月乃雨奉
恩詔免本年田租之半三十五年二月十七日黑風起晝晦四
十一年三月大雨彌月不止畎畝成沼陸地行舟麥禾盡
淹四十二年春大水饑民多鬻子剝樹皮而食餓殍甚衆
逃散大半蒙
恩詔蠲免糧租發粟賑濟夏秋麥穀豐登民始來蘇四十三年
恩詔蠲免山東四十三四兩年錢糧四十七年歉收蒙
恩賑濟五十二年
特恩蠲免錢糧五十五年秋大雨歉收蒙 巡撫李 布政司王
按察使司黃 兖州府金 合捐銀糴穀賑濟用能全活

甚衆萬民立感恩戴德碑

雍正四年大水

乾隆十年饑

恩詔普免錢糧十二年大饑蒙

恩賑濟十三年春饑

恩詔普免山東地丁銀兩十六年河決陽武十三堡大隄歷濮

范趙張秋穿運道入大清河三十一年

恩詔普免山東漕米三十三年黑蟲爲災邪術四起割人髮辮

翦人衣衿三十七年春旱三十八年

恩詔普免山東地丁銀兩三十九年甲午年秋八月教匪王倫等

作亂潛入壽張城知縣沈齊義殉難倫黨至臨清官軍蕩
平之四十三年春大旱
恩詔普免山東錢糧四十七年蝗蟲爲災五十年大旱歲歉五
十一年春大饑人相食六十年
恩詔普免山東漕糧
嘉慶十年四月晦日有霜麥禾多凍死十一年春人多瘟疫
十五年秋七月朔得雨至十六年五月十四日始雨春多
風大旱秋收惟黍稷十二月麥苗枯十七年二月二十三
日雨雪迄八月朔乃雨是年大饑盜賊蠭起鄉民多逃散
十八年三月三日黑風大作是年春大饑麥秋歉收十九

年春正月初五日黑風起元宵酉時地震歲大饑二十年
秋人多瘧疾二十三年春旱秋飛蝗蔽野二十四年臘月
十九夜雨樹上冰凝枝幹多折墜是年
恩詔普免山東歷年民欠正耗銀米
道光元年秋旱人多瘟疫二年秋大水三年夏大水六年秋
七月大雨田禾多淹四鄉牆屋多傾圮九年二月二十三
日地震十二月地又震十年閏四月二十五酉時地震有
聲如雷城內　闕聖殿後春秋閣傾倒鄉村牆屋多坍塌
萬物搖動自是或越日一動或三四日一動洎六月乃止
十二年秋大水十五年三月十七午時大風雨雹傷麥六

月初五日有飛蝗蔽野食禾災未甚七月初六日雷雹雨
雹禾稼傷
恩詔普免山東民積欠錢糧十八年閏四月蝗蝻生十九年正
月二十五日雷電雨雪二十一年正月初三夜未半遍野
有燈火似繁星高低大小不同層層排列勢若北行望之
無際鄉里各村鳴鑼擊鐘驚惶不定天近曉轉眼寂然次
日詢遠近村莊所見無異四月初六日朔風急麥多凍死
三十年十二月十七日雷電雨雹
咸豐三年三月初八日子時地震四年二月十四日大雪二
十七日粵匪至壽張南境黑虎廟胡臺廟管裏村縱火百

餘里合股趨張秋鎮管河主簿史榮會壽東主簿韓怡均被執爲賊逼害商民死近千人運河東西兩岸彌望皆賊氛是時壽張震驚鄉民倉惶奔走幸未西犯城得完全次年北犯餘孽敗奔南竄復過張秋境沿途多被官軍民團擒斬聚殲五年銅瓦廂黃水決口壽張大水金隄左右村莊及張秋鎮田畝成澤國爲災甚巨六年正月初三日大風夏旱七月蝗蝻生七年夏旱六月飛蝗蔽日七月蝻生九年二月初八亥時地震十月初八辰時雷鳴十二月二十七夜大雪十年二月初一日大風九月皖匪擾壽張南境黃河南岸居民多驚逃十一年二月初十日莘匪犯壽

張撲城十九日紅旂教匪自陽穀趙家海駱駝巷等處會另股土匪頭裹紅巾俗謂之紅頭匪又犯壽張撲城圍攻不息壽張營遊擊景泉知縣鄧磐協力守禦二晝夜附城村民廬舍焚燒殆盡退屯距城稍遠之村莊次日黎明外委閻朝海等突出城喊殺叅獲銅礮一長梯十餘賊愈甚用牛馬曳三層礮樓聳大小礮十二置樓上逼西城千總馮勝林等率敢死士百八人踰城出排槍轟之斃黃衣賊目三守樓賊十數賊棄礮九雲梯十餘事遂焚其礮樓匪還屯閻家隄時旋繞外隍六七晝夜不得息城西馬家廟王家樓劉家樓等村莊賊幟紛遝五色閃動戈矛如林繼則

攻城退則屯陽穀境之皇姑塚新莊諸處相距伊邇時縣城被匪攻圍初而晝夜繼五晝夜四鄉焚掠迄四月初五日約一月之久數十里已無完戶而烽燧不息薪米告匱將內變夜遣人縋城請兵巡撫譚廷襄檄兖州鎮撥兵三百赴援累月未至而城閉者已三閱月矣五月中匪於城東里許築土埂一道俗謂之曰賊埝高厚皆丈餘南北亘三里西面穿長壕驅鄉民刈附城熟麥斗抽二升從者日衆五月水南土匪郭簡趙立純王秉固戴光明等衆千餘又起分踞小路口壽張集東平土匪楊金林等糾衆應之忠親王僧遣幫辦軍務蒙古都統西凌阿騎兵赴東昌剿

教匪道出東平遇匪擊斬數十級匪大奔屯壽境黑龍灣
趙家壩東平境馬頭寨安山諸處西凌阿軍北移匪復大
張編貼偽示脅衆至六七千知州王錫齡請兵亟僧王檄
臨清協副將文英引兵數百赴之水南匪目岳禿子李瑞
真等衆千餘屢犯張秋另股董上來王金鉚偽元帥郭興
滿光印等衆千數屯裴城寺義和集屢犯壽張城知縣鄧
馨上言壽縣城南一片汪洋大河當其前寬廣十數里水
南數百村寨悉已從賊若由此進兵無如民船皆爲賊用
悉泊南岸不便一　又水面寬深風色不順三兩日尚難過
渡不便二又匪衆[illegible]兵單非大隊步騎不能深入儻船少兵

多先後參差恐致挫失不便三應請由安山渡運直擣匪
穴巡撫譚璐之咨僧王撥步騎遂由安山而進擊散騎頭
寨屯匪斬級數百趙家壩等處屯匪皆遁迨八月水南裴
城寺屯匪郭興李克賢等二千餘衆於十五日由范縣城
東渡河焚掠范縣之白家灘仲子廟闞虎店入屯陽穀之
倉上壽張之蓮花池竹口范令袁一士壽令鄧馨張秋通
判沈沅守備馮勝林分引兵圍攻之各斬級數十匪分
股敗奔其泅渡水南者沈没大半其西奔范縣之金斗營
陽穀之袁家樓諸處者增調滿光印股衆數百屯陽穀之
郎家集石家樓郭興等匪黨千餘負創東趨壽張之趙坐

白莊逼城下距城八里同仁民團高集祥等力戰三時匪大至民團僅七八百人眾寡懸殊幾被圍困高集祥督馬突出重圍入城請兵援應高連升帥眾力拒屹然如山立雖團丁不無傷亡而陣堅不亂以待援兵賊不敢逼馮勝林率兵團縋城出應之奮呼夾攻日暁賊始退西入朝城之李家臺吳家臺蔓延陽穀之孟家樓諸處兩攻郝家圩未下十月僧王軍安山偵匪目郭興等數千人分屯簸箕營竹口蓮花池三處教匪敗眾亦入而與之合乃合宗室國瑞分率步騎五千餘由東昌進擊檄東昌軍曹州鎮常存副將保德循河犄角而出令壽張營馮勝林調團既竹

口迤東十里二十九日國軍次竹口匪圩旂幟如林十一
月朔黎明環攻良久匪槍礮猛烈官軍傷亡五六十正白
旂漢軍副都統舒明安中礮殞遂罷攻西路籤筤營援匪
千餘傾巢出官軍逆擊勝之斬五百餘級匪奔入竹口官
軍焚籤筤營另股援匪郭廷珍李克讓等數千人從西來
營總烏爾貢札布騎兵再戰再勝追抵范城匪入城踞守
偕王軍璽大礮助攻檄西凌阿軍由黑虎廟進與國瑞軍
合另股援匪五六千復由朝城來騎軍迎擊卻之獲其牲
畜槍械甚夥於是水南星星屯小白口趙家壩諸匪目及
另股趙東江榮四江房得勝裴蘭蔭等紛紛乞降惟竹口

抗拒婚故初七日用火箭焚賊圩舍煙燄漲天守匪不能
國瑞軍穴地爲雷匪懼圖竄十一日雷發壞圩牆丈餘匪三
大奔而西官軍追斬百餘級匪分入蓮花泡及范城舅水
南者又溺死千餘遂克竹口十三日國軍移攻范城並飭
高集祥民團給擡礮十餘枝火鎗二十餘杆助攻一日未
下回軍蓮花泡時黑虎廟屯匪乞降十月東平壽張聞縣
虎廟土匪又起王運舉等傳帖糾黨州牧王錫齡壽令鄧
馨設計捕逐兩日而定運舉逃走僧王移軍鄆之羅家樓
而蓮花泡匪亦遁十二月巡撫譚檄壽張令鄧馨督民團
張扶清等巡行水南擒斬匪目滿光印李大牙席萬林岳

一二尧董增奇趙三紅磚等數十漸臻靖謐壽城得完皆賴
幸享也高生遇昌曰變亂之興何代蔑有而壽境遭禍之烈則無過於咸豐十一年辛酉時昌方十餘歲從
先祖逃避家嚴辦團擊賊以冲幼尚不知驚擢後習聞禍變又閱軍興紀略始知其詳不勝悚然爰請詳記以爲後
來防患未然之一助云

同治三年十一月初四五兩日大雪是年雨亦多四年正月
十三酉時雷電雨雪捻匪起時擾壽張南境五年又擾至
城東南梁家集影唐等莊秋多縮筋之病死傷甚衆奉
恩詔六年以前民欠概予豁免八年春旱夏蝗九年六月二十
四夜大風雨大木斯拔城西北隅女牆摧倒十餘垛口鄉
民房舍有揭去梁木墜落村外里餘者守瓜田人有隨此

榻吹起空中者冬牛災死者甚衆十年牛復災多死十一
年秋邪術起翦紙幻作人形持刀割人髮辮鄉里田野人
恒遭其毒害能令人數日昏迷有腥臭氣夜從窗隙入室
以水火禦之墜落釜中則紙人也數年中往往有之不知
所終冬牛災如前十二年四月初二酉時大風十三年春
旱夏秋多大雨牛復災

光緒二年春旱牛災甚三年春米價昂貴民有饑色夏秋大
旱十年秋大水十二年秋大水決城東金隄北溢十餘里
沿隄村莊牆屋多傾倒蒙
恩蠲免十三年秋黃水決城東偏城內災甚官署廟宇街市民

房傾圮幾盡蒙
恩賑濟十四年春大旱三月霣霜麥多不實五月初四日地震
十五年春饑糧米價昂秋大熟十六年五月初八起每日
大雨至六月初八始晴霽秋多瘟疫十九年牛大災二十
二年六月黃水決柏莊大隄隄南莉莊房舍一空人有溺
死者居民乘筏移避隄上時值多雨困餓尤甚秋多病死
蒙
恩賑濟二十三年五月十九日起至六月中逐日大雨麥大熟
已登場多浸敗漂沒者二十四年黃水決賈莊民埝南隄
亦決兩岸居民災甚蒙

恩賑濟二十五年春牛復大災夏大旱麥苗多枯人患黃疸疾秋七月拳匪起名大刀會四處滋擾託與洋教爲仇愚氓無知多被蠱惑實則鄉里咸受其害民有驚逃搬移者拳匪皆指爲教民沿途奪刼衣物牛馬并犯及縣城南門外結黨成羣放肆無忌知縣莊洪烈飭隊長率練勇城圍並移會遊擊印格派千總趙向遐率營兵合擊之擒獲數人羣匪南奔尾追之鄉團接應格殺甚衆生擒十餘追至壽境外自是不敢復犯民賴以安冬瑞雪二十六年春雨稀少夏季旱麥歉收糧米騰貴禾生蟲尚不爲災秋大熟糧價頓減七月刀匪李三廷訓等糾黨迫脅鄉愚至三百餘名

嘯聚於壽陽兩縣交界之候補知縣劉文煃偵知星夜前往設法解散調團嚴防復移請各鄉封會哨於其地廷訓聞風潛逃懸賞通緝當獲匪目李停耗李荅兆二名稟請正法取出洋鎗名册名職名片多件惟册內脅從居多論以恩威許其自新不予深窮免株連也蠢動遂息時值

鑾輿西狩民心皇皇感慨悲憤日盼海氛之靖謐也

壽張縣志卷之十終

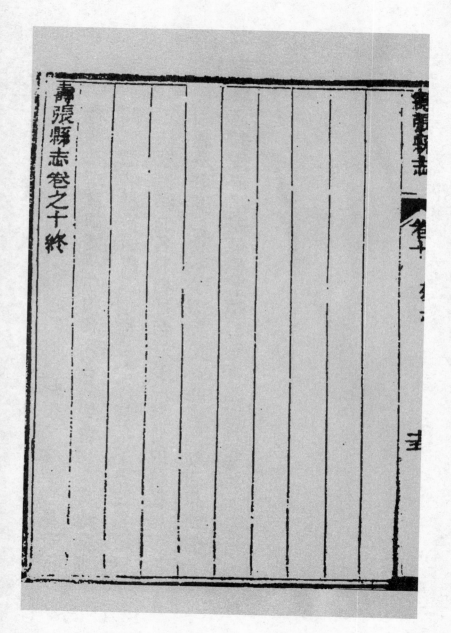

（清）張度、鄧希曾修　（清）朱鏡纂

【乾隆】臨清直隸州志

清乾隆五十年（1785）刻本

事類一

祥祲

按一統舊志云和氣致祥乖氣致異二氣感召若桴鼓然祥祲之說始於洪範五行故金穰木饑水澇火旱土豐凡沴氣所積爲民物害者必詳記之以驗人事之得失春秋書災異無非克謹天戒遇災而懼之意而已

漢

孝文後二年七月火東行畢南環畢東北出而西逆行至昴即南乃東行占曰爲喪死寇亂畢昴趙也

文帝十二年十一月河決東郡

宋

建隆元年臨清縣雨雹傷稼

淳化二年五月臨清縣民國忠妻一產三男

熙寧元年七月新堤第四埽五埽決漂溺館陶永濟清陽以北　通鑑

慶元六年四月癸巳熒惑合於室

景祐四年嘉穀異壟同穎

元

至大元年濟寧曹濮高唐等處蝗入州境
至治元年淫雨水深丈餘
天歷中大饑
至順元年臨清館陶饑
元統五年饑
至正十四年雨水没禾稼
二十四年雨土七晝夜深七八尺牛畜盡没死
明
宣德初邳徐濟寧臨清旱

宏治五年東昌等處旱大饑

十五年九月地震

嘉靖八年蝗飛蔽日

九年大水傷民廬舍

十一年五月雨雹大風拔木發屋

十二年十月星隕如雨

十三年十一月雨紅沙晝晦

十四年六月大雨雹所傷甚衆積地尺餘

十五年六月旱蝗

二十年三月十六日晝晦十月三日震電

二十八年三月十八日雨雹大者如盌多傷物九月一

十二日大震

三十年衛河決壞民廬稼

三十四年雨赤沙經時

三十九年大旱民轉徙

四十年春大饑數雨土四月六日晝晦

萬曆十一年六月初四日夜半有流星如月自北方向

東南墮白氣如烟久之始滅

十五年大旱

二十七年五月有龍起於靜寧寺

三十五年大水西城圮街市行舟

四十三年大饑

四十七年大饑

天啟三年生員梁宏任家產芝之三本

崇正十一年秋虸蝗生形類蠶身有五色食苗立盡

十二年大疫

十三年疫甚死者無算是歲自春徂秋無雨大饑人相

食

十四年梟鳥集人屋狼入城七月運河涸

國朝

順治三年夏有二龍起於明倫堂之西塘

九年秋大水

十年秋大水

康熙七年六月十二日晏風自北來拔木傾屋十七日晚地大震自東北起震移時人不能立盆甕之水皆傾出

十年七月蟊螣害稼

十一年秋蝗

四十二年七月衛河自南水口決

四十七年自春及秋不雨

四十八年春不雨

六十年大旱雨雹

雍正四年四月雨雹二麥灾

八年七月七日衛河決江家庄

十年春旱無麥

乾隆元年七月一日地震

二年衛河決

四年衛河決

九年雨雹

十二年六月雨雹

二十二年六月衛河決

二十四年七月衛河決

二十五年秋有年

二十六年七月衛河決

三十年十一月敬鄉郝家村楊維桐家一產三男

三十一年八月明鄉石佛莊劉德貞家一產三男

三十四年四月雨雹

三十八年七月二十八日夜半地震

四十年春旱秋穀大熟

四十一年麥大稔

四十三年秋有年

四十四年六月衛河決

五十年二月十五日大風雨土晝晦春旱秋蚜蝗生

【民國】臨清縣志

張自清修　張樹梅、王貴笙纂

民國二十三年（1934）鉛印本

大事記 起秦始皇二十六年訖中華民國二十三年

秦

始皇二十六年庚辰置鉅鹿郡鉅鹿趙地在今河北省平鄉縣邑蓋屬之或曰隸東郡

三十七年辛卯始皇東巡還至平原津而病至沙邱崩沙邱在縣境西八十里按地理志沙邱在平鄉

漢

高帝十二年丙午改鉅鹿爲魏郡領縣十八清淵屬之

武帝元光三年己酉河徙頓邱今清豐夏決濮陽今滑縣自是北流至鄃今臨清夏津間無水患

元封二年壬申帝如東萊還築宣房宮自是導河北經貝州渠東

入海貝州渠故道在境內今沒

五年乙亥初置十三部刺史魏郡清淵隸冀州刺史

元帝永光五年壬午河決館陶分爲屯氏河入海屯氏故道今在縣境

成帝建始四年壬辰河決以屯氏河塞兩水灌四郡三十二縣水居地十五萬頃深三丈壞官亭室廬且四萬餘所

新莽始建國三年辛未河決魏郡泛清河以東數郡通鑑

更始二年銅馬賊數萬入清博光武擊之

魏

太和六年壬子以司隸冀州屬析置司州縣屬州境

晉

永嘉元年丁卯荀晞大破汲桑於東武陽桑退保淸淵荀晞追擊

破其壘通鑑

咸和四年己丑秋趙徙氐羌十五萬落於司冀二州十六國春秋

後趙

建平元年改淸泉縣爲臨淸縣隸建興郡縣名始此舊志

隋

大業四年戊辰春開永濟渠引沁水南達於河永濟渠即臨淸御河

九年癸酉楊玄感將襲洛陽修武縣人相率守臨淸關玄感不得

齊北史

十二年丙子張金稱等寇掠河北營於平恩太僕楊義臣討之引

兵直進抵臨清之西據永濟渠爲營勒兵不戰夜簡精騎自館陶濟河擊之金稱大敗舊志

唐

開元二十八年庚辰秋九月魏州刺史盧暉開永濟渠通志

天寶十五載丙申顏眞卿破賊將袁知泰於堂邑師次臨清

寶應元年壬寅十一月史朝義走貝州僕固瑒追至臨清大敗之朝義奔莫州通志

永泰七年壬子春正月以魏州臨清縣之張橋店置永濟縣舊唐書代宗紀

興元元年甲子春正月朱滔引兵至永濟約田悅會館陶悅辭滔大怒拔宗城鑑城冠氏等城縱回紇掠館陶分兵置吏守平恩

永濟舊志

乾寧三年丙辰秋九月河東將李存信攻臨清敗汴將葛從周於宗城北通鑑

光化二年己未幽州節度使劉仁恭陷貝州朱全忠葛從周合兵敗之從周乘勝追北至臨清仁恭還幽州通鑑

天祐四年丁卯劉仁恭山後巡檢使李承約以騎兵奔晉晉王以爲匡霸指揮使從破夾寨戰臨清舊志

五代

梁乾化元年辛未晉將周德威自臨清攻貝州拔夏津高唐舊志

二年壬申冬十一月趙將王德明掠武城至臨清楊師厚伏兵擊

破之綱目及通鑑

貞明元年乙亥夏晉王令馬步副總管李存審自趙州引兵進據臨清劉鄩屯洹水晉王引大軍自黃澤嶺東下與存審會於臨清舊志

劉鄩知臨清有蓄積欲據之以絕晉糧道周德威急追鄩再宿至南宫遣騎擒其斥堠斷腕而縱之使言曰周侍中已據臨清矣鄩軍大駭詰朝德威掠鄩營而過入臨清鄩引軍趨貝州舊志

唐天成元年丙戌春二月楊仁晸部兵皇甫暉作亂殺仁晸奉趙在禮爲帥焚掠貝州南趨臨清永濟館陶舊志

晉天福二年丁酉夏五月天雄節度使范延光進封臨清王

三年戊戌冬十一月范延光入朝升貝州爲永清軍（今武城臨清夏津恩縣等地）

漢乾祐元年丁未冬十一月高行周加守太尉封臨清王（綱目及通鑑）

宋

建隆元年庚申復升貝州爲永清軍節度

兩雹傷稼

熙寧元年戊申秋七月新堤第四埽決漂溺館陶永濟清陽以北（通鑑）

元

至元二十六年己丑春正月罷膠萊海道運糧萬戶府開會通河

夏五月御河入會通渠（元史）

延祐三年丙辰春二月調海口屯儲漢軍千人隸臨清運糧萬戶
府以供轉漕元史
致和元年戊辰文宗立調臨清運糧軍三千五百並御河分守舊志
至順元年庚午饑賑東昌及濮州臨清館陶二縣通志
至正二年壬午冬十二月以戶部郎中蓋苗爲山東廉訪副使苗臨
清人見人物志
四年甲申夏六月河決金堤北侵安山沿入會通運河元史
七年丁亥夏四月臨清盜起元史
二十八年戊申秋七月明大將軍徐達副將軍常遇春分道渡河
徇河北地師次臨清續通鑑

明

洪武六年癸丑夏六月武朔等州告警大將軍徐達駐師臨清遣臨江侯陳德鞏昌侯郭子興將兵擊之舊志

十一年戊午春進封湯和爲信國公數出中都臨清北平練軍伍完城郭列傳

十二年己未春二月太祖命信國公湯和率列侯練兵臨清賜賚有差明史

二十四年辛未夏五月漢衛谷慶寧岷六王練兵臨清是歲儲糧十六萬石於臨清以給訓練騎兵通志

建文元年己卯春三月都督宋忠徐凱等帥師屯臨清通志

二年庚辰冬十一月燕兵至臨清本紀

永樂九年辛卯春二月命工部尚書宋禮濬會通河明史

十年壬辰夏四月命宋禮經理衛河明史

十三年乙未夏六月山東水溢壞廬舍沒田禾臨清尤甚明史

十五年開會通河南河衛志

宣德四年己酉夏四月命工部尚書黄福平江伯陳瑄等經略漕運通志

九年甲寅冬十月發臨清倉賑饑民是歲濟南東昌兗州旱通志

十年疏臨清衛河通志

正統十四年己巳秋八月上北狩命平江伯陳豫守臨清衛志

景泰元年庚午陳豫以兵寡請於朝調濟寧左衛守臨清東昌志

七月築縣城舊志

成化間王信督南陽軍務賊首李原等亂信與項忠討平之擢署都督僉事鎮守臨清舊志

弘治二年升臨清縣爲州領館陶邱縣二縣

十七年甲子遣大學士李東陽祭告孔廟巡視臨清災況

正德六年辛未霸州盜劉六劉七等掠博平夏津等處陷高唐武城詔遣兵部侍郎陸完提督軍務駐兵臨清討之王俊舊志曰按通志鑑游擊許泰破之又云劉七覘知太監谷大用伏羌伯毛銳等駐軍臨清復擁衆走霸州

嘉靖元年壬午青州盜起流刼東昌臨清指揮楊浩死之舊志

三年甲申春正月朔山東地震是歲山東旱臨清饑明史

二十一年壬寅兵備副使王楊監修土城舊志

二十二年癸卯封德懿王祐榕子厚㷉爲高唐王孫載㻑爲臨清王明史諸王表

二十八年己酉春三月臨清大冰雹損房舍禾苗明史

三十年辛亥布衣謝榛脫濬人盧柟於獄結詩社於都門士林宗之榛臨清人見人物志

衛河決壞民廬稼舊志

三十九年庚申大旱民轉徙舊志

四十年辛酉州人方元煥纂修州志邑有志再可考自此始

萬歷二年甲戌臨清王載堘薨明史諸王表

五年丁丑載堘子翊鋑襲封臨清王

二十六年戊戌以中官馬堂爲臨清榷稅使明史

二十七年己亥馬堂督稅臨清率諸亡命摽掠人產業臨清民變焚堂署斃其黨三十七人邑人王朝佐仗義自承免衆於罪閤境立祠祀之朝佐見人物志

三十五年丁未大雨西城圮街市行舟舊志

三十八年庚戌以德藩翊鋑子常瀌襲封臨清王

四十四年丙辰秋九月盜大起冬十一月命蠲本年存留夏稅折徵臨清德州二倉米通志

崇禎三年庚午秋七月叛兵五百餘人自臨清北入邱縣大掠新店集（東昌志）

十四年辛巳秋七月臨清運河涸（明史）

十五年壬午冬十一月清兵下臨清前太常少卿張振秀死之（通志）（振秀邑人）

十七年甲申三月詔封總兵吳三桂平西伯左良玉（邑人有傳）寧南伯唐通定西伯黃得功靖南伯給敕印召唐通劉澤清率兵入衛澤清移鎭彰德因縱掠臨清尋封澤清東平伯澤清得封始離臨清（舊志）

闖寇李自成全陷山西傳牌收取山東遂北入京師於臨清設

僞官授事月餘自成事敗時兵科監軍淩駉在臨淸五月初十日率衆並擒之悉擒遠近僞官舊志

淸

順治元年甲申夏五月命戶部右侍郎王鰲永招撫山東河南秋七月王鰲永報東昌臨淸等郡以次撫定通志通紀

二年乙酉命木鄂統兵鎭守臨淸駐衛河西次年詔還舊志

五年戊子命冬尼率兵屯牧臨淸駐舊城內分城東臨淸淸平與之明年移駐德州舊志

六年己丑巡撫呂逢春勦辦商河長淸臨淸土寇渠魁徐靑與杜全等伏法通志

夏六月邱縣土寇襲城不克得大名滿兵會臨清兵平之東昌通

九年十年秋均大水

十年癸巳裁臨清壽張等營官弁通志

康熙七年戊申夏六月十二日巽風自北來拔木傾屋十七日晚地大震自東北起震移時人不能立瓮甕水皆傾出舊志

十年辛亥秋七月蟊螣害稼舊志

十一年壬子秋蝗舊志

重修州志成知州于睿明董其事

二十三年甲子裁臨清營都司通志

二十八年己巳清帝南巡路經東昌臨清等處豁免舊欠丁賦是

年旱又免本年錢糧十分之三舊志

四十二年癸未衛河自南水口決是年南巡所過聊城臨清等處通行蠲免去年未完丁漕舊志

四十四年乙酉修運河堤通志

雍正四年丙午修運河堤牐浴馬頰徒駭河通志

夏四月雨雹二麥災舊志

八年庚戌改臨清營守備缺爲都司通志

秋七月七日衛河決江家莊奉旨賑恤舊志

十二年甲寅增運河千總把總邑有河汛自此始通志

乾隆元年丙辰秋七月一日地震舊志

二年丁巳衛河決偏災蒙賑恤舊志

四年己未衛河決蒙賑恤舊志

十四年己巳重修州志成知州王浚董其事

二十二年丁丑夏六月衛河決舊志

二十四年己卯秋七月衛河決舊志

二十五年庚辰秋有年舊志

二十六年辛巳秋七月衛河決舊志

二十七年壬午清帝南巡蠲額賦十分之三凡民七十以上者皆有賞賚舊志

三十年乙酉清帝南巡蠲免額賦有差

三十六年辛卯清帝東巡蠲免額賦有差水冲沙壓鹽鹼地畝錢漕概予豁免

三十八年癸巳明老人白英導汶濟運有功爲設奉祀生以其子孫承襲通志

三十九年甲午秋九月教匪王倫犯臨清知州秦震鈞副將葉信參將烏大經竭力守禦旋經巡撫徐績大學士舒赫德奉命會剿冬十月匪平王倫者壽張奸民也繼白蓮教徐鴻儒運氣治病煽惑愚氓教以拳勇往來曹濮之間結納亡命黨徒至數千人時値承平日久人不知兵又清廷方用兵金川各地備虛賊覘知臨清富庶乃於是年八月二十八日夜起事陷壽張城劫獄搶庫銀逼脅官吏知縣沈齊義罵賊不屈死遂連陷陽穀堂邑等縣死難者堂邑知縣陳枚訓導吳璟遊擊趙福縣丞劉希燾典史方光祀等未幾巡撫徐績奉命督剿賊圍之於梁家淺兗州鎮總兵惟一馳援以兵三百擊賊於柳林不利於是賊結筏渡運河九月初七日襲據臨清土城（舊志謂新城）踞大寧寺鈔關署及汪家大宅分佔杏園千戶營塔灣各村在花園等處造浮橋三夾河聚守佯禁殺掠以車三百輛塡塞街衢十餘日脅壯丁三犯磚城（舊志謂舊城）西南二門用牛車載秫稭焚燒城門賊蜂擁城下署知州秦震鈞副將葉信參將烏大經千總孟大勇自城上鎗礮並施殲賊三百餘人磚城賴以無恙甲戌賊衆千餘腰插紅旗手挺大鎗直撲衛河西岸官軍副將瑪爾清阿督遊擊武靈阿射中賊目三擒斬數百是時欽差大學士舒赫德統京兵健銳火器營及吉林索射手五千人至自攻東面又各郡兵漸集四面圍剿丙子夜五鼓瑪爾清阿總兵萬朝興焚毀賊浮橋殺傷甚衆搶過衛河東岸都司張世富率回兵白虎回民洪印洪全截擊三岔河口堵殺賊數百溺水死者不可勝計副都統伍什

布自東南面入城左都御史阿思哈統兵接應分進各街巷大肆剿殺奪獲大礟一斃賊無算侍衛巴圖保護軍統領春寧自塔灣入射殺賊目一擒斬四五百人額駙拉旺多爾濟分赴各村搜殺逃逸賊衆急敗竄土城內短兵巷戰後賊趨汪宅死守侍衛音濟圖伊琳烏長保倫縱火焚攻斃女匪烏三娘及朴刀元帥楊五二人前鋒綽阿爾圖等焚毀賊巢直入屋內音濟圖生獲王倫幾出突突有悍賊數十人至力奪之去音濟圖等八人俱受重傷翌日賊首王倫登樓自焚死伍什布入內搜捕獲僞元帥孟燦和尚梵偉及王經隆閻吉仁吳淸林李旺各要犯檻送京師凡一月六日而賊平平後大臣奏准未完錢糧悉數蠲免並發給貧民四月口糧計穀二萬七千三百餘石復頒損毀房價銀二千三百餘兩

四十年乙未春旱秋穀大熟舊志

四十一年丙申淸帝東巡蠲免額賦有差　賞男婦年七十以上者各有差　軍流以下人犯減等發落　麥大稔舊志

是年升臨淸州爲直隸州領武城夏津邱縣三縣

四十三年戊戌漳衛河上源及於汶水通志

四十四年己亥夏六月衛河決舊志

四十五年庚子清帝南巡蠲逋賦減徒刑
四十九年甲辰清帝南巡蠲逋賦減徒刑
五十年乙巳養高年減徒刑賞給窮民六七兩月口糧以上舊志
重修州志成知州張度鄧希曾先後董其事
五十一年丙午春正月朔日有食之
二月運河牐工告成
夏六月大旱饑出貸倉穀
秋大疫
五十三年戊申春奉諭山東運河每年回空時確勘疏濬通志
六十年乙卯春正月朔日食望月食通志

嘉慶六年辛酉大水

十三年戊辰春二月山東運河各工奉諭歸沿河州縣衛疏濬通志

十五年庚午春正月風霾晝晦

秋九月復山東漕船冬兌春開例通志

十六年辛未蝗　饑

十八年癸酉夏大饑

秋九月河南滑縣教匪倡亂山東曹州賊起應之州境戒嚴

二十一年丙子通飭州縣整頓保甲

十一月疏運河

二十四年己卯夏四月修運河兩岸堤工

道光元年辛巳春正月彗星出西方

夏六月蝗

秋九月州境鍋市街火延燒舖房二百餘間

二年壬午夏六月衛河溢武城河決

三年癸未夏六月衛河決十餘處民宅行舟

十年庚寅夏閏四月地震有聲二十二日戌時有聲如雷自東北方起屋舍震動河水簸揚

十一年辛卯大旱

十二年壬辰裁州稅課大使及司獄官

秋濬運河通志

十三年癸巳奉諭嚴查內河漕船積弊通志

十四年甲午夏四月大風折木

五月鼈頭泉河蓄水濟運通志

十八年戊戌秋七月螟虫傷稼

八月霜

十九年己亥夏五月緩徵新舊額賦

二十二年壬寅旱　雹

十月緩徵災區正雜額賦

二十四年甲辰夏六月臨清等州縣水通志　緩徵新舊額賦

二十六年丙午夏六月臨清等州縣旱　風通志　緩徵新舊

額賦

二十七年丁未夏六月道憲莅臨剔除臨關積弊

二十八年戊申夏六月州境大水　緩徵新舊欵收額賦

二十九年己酉春正月緩徵上忙額賦

三十年庚戌春正月朔日有食之

秋九月貸汶衛兩河修堰銀

咸豐元年辛亥夏四月知州陳寬建修考棚成

秋七月豐北黃河決口水漫州境

冬十月添修運河工

十一月蠲水災額賦並給災民口糧房屋修費通志

二年壬子夏四月奉諭山東下游被水州縣災區較廣派藩司專

辦賑務通志

三年癸丑春三月地震

冬十月桃李華葡萄實

四年甲寅春二月粵匪由館陶進逼州境參將吉星阿等力戰死之

三月十五日粵匪陷州城官民悉遭屠殺知州張積功都司武殿魁等死之 先是粵匪北犯深入河北阜城繼以孤軍待援乃密令安徽賊黃生才曾立昌等率十五軍北援阜城遂渡洪澤湖犯山東擾鉅野陷金鄉乘勝分竄趙莘冠館陶各縣進逼州境是年三月初二日賊先鋒至頭膩口翌日大隊齊集紮營逼城西南一帶頃刻而就凶悍異常當是時山東巡撫張亮基至營城東八里莊在黑莊與賊接觸欽差大臣勝保至禁城北柳家莊將軍善祿至禁城東北石槽莊山東布政使崇恩至營城東北張官屯均逗留不前旋勝保劾亮基黑莊之戰冒功罔上奉旨遣戍以崇恩升任巡撫入居城中賊踞城南分其黨爲二一抵官軍一攻城先是有四川降勇四百餘人濳入城內暗與賊通初五日黎明賊從地道轟南門潰城都司武殿魁奮勇力禦之城得不陷城內兵民淹溺擾

啟北門遁而門已屯閉隊不容足踐踏死傷者無算殿魁斬數人勢稍定無何知州張積功投井以殉救之出氣息僅屬崇恩惟怯先逃紳民叩馬苦留不顧而去此後賊穴城西南隅實以火藥仍相機轟炸十五日夜三鼓月色慘淡無光賊營寂靜與城上刁斗聲相應僅殿魁四面巡邏俄而霹靂一聲城坤隅陷賊蜂擁入時殺聲火聲哭聲相雜鬧十數里團勇魏銘力戰死都司武殿魁殺賊力竭自焚死知州張積功學正覃爲憲副將慶順慶德都司徐廣勇皆殉焉至二十九日賊拔隊而南四月初九日抵單縣全股猶三千餘官軍躡擊殲之於豐北決口化山河干是役也蕞爾一城死難官紳五十六員兵民八千七百三十一名婦女七千六百四十一口失姓名者尚不可僂指數後均得旨祀昭忠祠至今城北城東各方數塚纍纍屹然而高大者即殉難官民處俗曰萬人墳每當天陰月黑猶呈愁慘氣象而城內廨宇齋署市廬民舍悉付焚如榛莽瓦礫百年間元氣不復洵建城以來未有之浩劫也　以董步雲代理知州

夏四月粵匪南竄官軍躡擊奏報州城克復　署理知州崇亮至

五月河北阜城連鎮匪回竄陷高唐知州魏文翰死之夏津大擾州境戒嚴

六月知州周承業至

秋七月賑州境及冠縣難民口糧

冬十月修運河堤工

五年乙卯春二月僧格林沁收復高唐賊竄踞茌平之馮官屯旋

卽蕩平州境以安

夏六月州境大水以河南銅瓦廂黃河溢由東明直注菏澤分流至張秋鋪穿運踰大淸河入海故曹州濟寧東昌以下皆水

秋七月截留漕粮五萬石備賑　又截新漕二十一萬石並

上年捐穀八萬八千餘石及省城收儲麥穀豆四萬七千餘石

賑被水災民遺志　是年濟東泰武臨五十四縣災並德臨東

濟四衛三塲錢糧均免

冬十月奉勅建昭忠祠成在城東門內進南祀上年殉難官弁及紳民等

七年丁巳夏四月知州張延齡至

六月飛蝗蔽天禾稼都盡　大饑

八年戊午春二月僧格林沁籌防陸路及運河宣洩事宜通志

三月大饑人食麥苗　大疫

夏四月黑風自西北來麥歉收

十一年辛酉春二月黃旗教匪孫全仁等擾邱縣知州張延齡副將長慶督兵赴援擊走之

夏四月通永鎮伊綿阿將兵至駐州城南　堂邑教匪宋景詩擾衛河以南知州張延齡率勇堵禦之

五月彗星見西北方

六月代理知州彭垣至

冬十一月勝保擊宋景詩於衛河南降之

同治元年壬戌彗星見西南方

冬十一月降匪宋景詩復叛擾州城南

二年癸亥夏六月叛匪宋景詩北渡汝河將軍恒齡迎拒於城南藥王廟街此條前記未詳書之以備參考　太白晝見

秋八月僧格林沁督兵至州叛匪宋景詩敗走宋景詩堂邑縣西北小李官莊人常習拳棒與館陶縣王占基友善王因案繫獄宋與死黨十八人劫獄官捕之急遂招無賴聚而爲盜初僅擄飲食掄貨財繼則赴隣村索鎗刀要馬匹名曰打糧揭竿而起號黑旗隊其衆日多遂不可制後經勝保擊降帶赴河南宋索餉而譁値勝保逮問宋復叛回擾冠館堂邑等縣進踞州城南軍營街一帶親王僧格林沁命其黃先鋒來勦黃視爲土匪不足平方在焦莊西松林內避

署宋於林之南遂竪旗幟為疑兵陰率死黨自禾稼内分道掩襲賊軍棄甲奔逃直至州之頭牐口始致稍息自此宋賊勢愈熾於是城鄉士紳遂竭力辦團與賊拮抗當是時焦庄忠正團與瑩邑柳林之永清團范寨之尚義團合議會剿在焦庄西擊賊大敗之賊因傷亡過衆與三團結為深仇故三團之村庄房舍被焚頗多如是者數年嗣僧親王統軍來則大戰於瑩邑西北武家庄西甑窰岡僧王命其先鋒隊挑戰賊中有所謂錫二馬獨猿頭羅肉翅勝者尤驍勇官軍屢進屢却某日自晨至中勢幾不支僧王乃撥其軍官職銜令帶歸圖功並命五百紅孩子軍為先鋒卽拐子洋鎗隊號為常勝軍者下令總攻王坐箸上建大纛督戰賊主數合賊始敗竄數縣之民屢更生焉或曰宋敗後投叛練苗沛霖又投亳州捻匪同治十年總兵劉永清誘至州醉而縛之乃伏誅夫宋本市井無賴初作難僅十八人卒至擾亂數縣爲患四年以僧邸軍容之盛如獅子搏兔僅乃勝之卒未聞殲厥渠魁設非鄉團摧殘則數縣人民不堪其擾矣

九月知州張應翔至

四年乙丑春正月雨雪有雷聲

五年丙寅夏四月大雨雹

六年丁卯夏四月夏津知縣郝植恭兼理知州

五月捻匪竄東省皖撫英翰督兵防河駐州城南先是鮑超劉銘傳會剿捻匪旋逼豫境豫撫李鶴年檄提督宋慶等軍扼賊不令趨東北二月下旬賊欲東走楚督李鴻章東撫丁寶楨乃有竄扼運河之議三月皖撫英翰酌調張得勝黃秉忠程文炳三軍進紮宿遷至灘上運西以備擾應由是英翰駐兵州城踐踏禾稼蹂躪民有兵甚於賊之嘆

是月代理知州方傳植至

秋七月頒欽定經史於州學

七年戊辰春正月西捻張總愚北擾巡撫丁寶楨帶兵赴援是時李鴻章丁寶楨會籌運河防務修築河牆圖剿捻匪州境居直東要衝紳民籌備供給應付煩擾

二月知州陶紹緒至

夏四月三元閣前火葯船炸碎鄰舟數隻傷人無算大名鹽炮船泊於三元閣乙未晨爆炸聲若巨雷河水逆流空中墜人肢體石爐毀

秋七月張總愚投水死捻匪蕩平直東一律肅清

八月以捻匪擾害免民欠糧賦

八年己巳夏五月大旱

秋七月籌補常平倉穀

八月知州周不濔至

冬十月邑人張容九世同堂母孫氏六世同堂山東學政于建章表其閭並聞於朝

九年庚午夏四月無麥

六月知州周不濔挑引河於衛水東岸

秋九月霪雨八日始止　無禾

十年辛未春二月知州孫善述至　東昌在逃匪首宋景詩在

旣就獲伏法據通志錄入說與前異

夏六月衛河決於塔灣

秋九月代理知州方鳴岑至

冬十月署理知州王其慎至

十一年壬申春正月修運河堤工

秋七月署理知州鄧煐至

十二年癸酉春二月知州葛恩榮至

夏六月雷擊州城南門樓壞

光緒元年乙亥春三月知州洪用舟至

夏六月大饑

二年丙子春二月署理知州郭定柱至

夏六月署理知州王其慎至　大旱是年旱災頗重官紳籌辦賑濟關卡釐稅悉免

三年丁丑春正月知州郭定柱至

夏五月大饑連年荒旱民食樹皮殆盡死者無算

閏五月十七日雨澤降

秋九月知州洪用舟至

四年戊寅夏五月旱　大饑

秋七月飭查旱災籌辦賑濟招商購米免關卡釐稅

五年己卯春三月水嘯川澤及器皿之水皆動盪有聲

六年庚辰春正月知州王其慎至

二月遵諭籌設電線桿及電報分局

秋七月歲大熟比戶出粟儲倉穀

九月重修考棚

冬十月籌設粥廠（在碧霞宮）

七年辛巳夏六月大雨雹

秋九月籌辦積穀（巡撫任道鎔督辦甚力）

八年壬午秋七月彗星見東南方

九年癸未夏四月署理知州彭虞孫至

秋七月衛河決胡家灣尖塚鎮　又決江莊（同時汶河決劉將軍廟前壞民廬舍無算三里堡南北岸皆決）

冬十月奉諭撥部銀四萬兩賑濟災民（是年黃河漫溢歷城齊河惠民等縣均被水）

十年甲申秋八月知州王其慎至　汶河水大漲

十一年乙酉秋七月大雨平地水深尺餘

十三年丁亥夏四月某夜馬市街火（時值廟會因商家不戒於火延燒五六十家一晝夜始熄）

十四年戊子春正月代理知州許桂芬至

夏四月知州陶錫祺至

五月地震

十五年己丑夏四月築南水關衛河東岸堤（州委明三里莊事沙炳嵩工二十餘村永利賴之堤長四百餘丈）

匪刦南水關稅廳委員戴華軒死之

十六年庚寅夏五月衛河決胡家灣

六月衛河決塔灣大營村張家窯
冬十月州設牛痘局四處尖塚衙莊下堡寺碧霞宮
十七年辛卯秋七月蟲傷禾
十八年壬辰夏五月飛蝗入境
六月蝻出　衛河決賈家口大營村又決江莊同時汶河決劉將軍廟前磚城南北
西三門皆水壞民廬舍無算
秋八月奉諭蠲緩本年額徵錢漕
九月以皇太后萬壽節近頒覃恩詔邑人柳允焯趙梅李宴林
皆五世同堂例領恩賞又郝憲章妻張氏五世同堂壽九十一
歲洪大祥妻楊氏百有三歲均援例給賞有差

二十年甲午夏六月代理知州許桂芬至

冬十一月知州陶錫祺回任是年中日交戰我軍失利次年割地賠款士民恥之州人知以外患爲憂自此始

二十一年乙未春三月盜刧州署初知州陶錫祺招降劇盜盧池絨毛鷄等令帶衛隊捕匪首張五斬之其黨憾甚思復仇夜竄城入盧等拒戰甚力匪不支遁盧率部追至堂邑之關虎屯獲數人戮而肆諸永濟門

夏六月代理知州許桂芬至清理滯獄寃民感之

秋八月建陶公生祠於衛河西滸陶公錫祺在任前後六年遺愛在民政績有傳

是年聘四川進士尹殿颺主講清源書院以六書課士由是臨人漸知小學空疏學風至此一變

二十二年丙申夏四月義丐武訓卒訓堂邑人以乞食創建三縣義學積勞卒於州境御史巷義學內年五十有九事蹟詳教育志

秋七月歲大熟

二十三年丁酉春正月知州王壽朋至

夏六月遵令籌辦郵政

二十四年戊戌春正月朔日食

二月詔變新法廢制藝改以策論試士　建設學堂

夏四月巡撫張汝梅蒞州閱兵

秋八月皇太后訓政復制藝

二十五年己亥冬十月義和團匪（即拳匪）起於河北廣宗冀州境知州

王壽朋不能制仇教之案日多全境騷然

二十六年庚子夏大旱　饑

四月拳匪煽動莠民焚燬殺掠州境大擾時值毓賢爲山東巡撫縱拳仇教州境教民悉遭

六月拳匪焚燬蕭廠果子巷各教堂世職黑恩鍳率衆奮拒於油簍巷擊却之時拳匪設壇於二閘口大王廟及各大寺觀遊街示威民衆遇之悉跪於道匪衆舞蹈若狂指稱關公或張桓侯降壇煽惑愚盲一日指良民爲奸細戮於碧霞宮士民無不哀怖均閉戶不敢出

秋七月知州杜秉寅至時方歲饑莠民與拳匪合以均糧爲名砍毀電桿劫掠郵政商船公至嚴申禁令弭平之

八月潦霖害稼奉諭分別豁緩本年額徵錢漕

冬十月知州杜秉寅親查四鄉保甲法令嚴峻犯者立誅州境以安

十一月南濟折運貯米於倉知州杜秉寅開倉賑濟民困頓蘇

十二月聘高密舉人傅丙鑑爲清源書院山長傅公以古文學勖後進由是士重經術尚節義

二十七年辛丑夏六月遵查州境教堂被燬緣由分別撫卹之數

案始結先是光緒十七年知州陶錫祺查明呈報各教堂教士姓名案內查得州境教堂五所廣廠街教士秦瑞恒果子巷教士金發蘭皆耶穌教美國人陳家小灘教士尹梅遠英國人小嶺村倉家莊教堂二所教士費雲龍法國人又油簍巷施醫院一所教士衛各納美國人馬市口講演堂一所美國所租賃於二十六年准巡撫袁世凱札查境內拆毀焚燬教堂案查果子巷美國教堂一所侯理定甘雅各先時走避教堂自行封閉大古巷倉家莊會通街法國教堂三所均歸省城馬教士管轄房屋器具均未毀廣廠街及施醫院被拳匪焚燬無存教士秦瑞恒金發蘭均先經走避小嶺村法國教堂亦被拳匪焚燬無存教士費各慈早經回國其撫卹教民賠償各費已經知州杜秉寅辦理完結矣

秋九月詔停武科並童試通志

冬無雪

二十八年壬寅春正月詔廢制藝改試策論經義

二月署理知州莊洪烈至士民餞送杜公攀轅遮道者數萬人　二公均有傳

三月清源書院停課改設校士分館聘江陰舉人陳名經主講席考選諸生入館肄業

夏四月黑風拔木無算

六月大旱自二月至六月不雨　大疫是時亢旱饑饉相望每日因疫死者達百餘人知州莊洪烈捐俸設局施藥施棺建醮設壇虔誠驅疫全活甚衆

秋七月遵令改義塾爲蒙養學堂城關鄉共二十五處

九月建臨淸中學堂以鄉紳孫毓璣冀瀾爲監修員自七月至十月工竣地址在臨關左近今爲縣立第一高等小學　詔裁州判及衛官缺　頒行保甲法州境界連直豫廣宗亂後餘孽多竄州境知州莊洪烈編查保甲嚴淸窩棲擒捕多名民間獲安

冬十二月續設牛痘局四處

二十九年癸卯春二月擬議續修州志聘膠州舉人趙文運爲總纂二年餘輯稿五本未克成書

夏四月裁綠營制兵改練巡警（上年山東巡撫奏准裁撤制兵改練巡警臨清營制兵於本年四月一律裁撤卯選警兵四十名調省操練三月後發回原營專事巡緝至大小衙門酌留當差者作爲餘兵協署月餉六分都司四分千把二分巡兵每名月餉三兩二錢餘兵每名月餉二兩四錢凡武職大小名缺照舊存留其制兵裁後巡警未設以前緝捕事宜以及巡護城池監獄解送人犯餉糈一槪責成州縣暫僱巡勇並酌撥裁兵之餉援例承辦）

麥秋大稔　河水盛漲

六月籌設地方農會（會址在大倉西院）　是年南漕折運裁東河總督及運河道並裁閘官閘夫及濟寧東昌臨清衛所守備千總官

三十年甲辰春正月知州張承燮至

三月遵行錢鈔搭用銅元

夏四月山東巡撫袁樹勳奏准武訓義學改稱武訓小學堂（武訓事蹟付國史館立傳）

五月停辦校士分館成立高等小學堂附設師範講習所以孫百福爲堂長

秋八月商務會成立以王繼覽爲會長

冬十二月籌設閲報所

三十一年乙巳春二月遵令設罪人習藝所所址在大倉東院

秋八月停科舉及歲科試　停止刑訊

三十二年丙午春二月山東按察使連甲飭查武訓建學事實遵令裁州學正缺

三月初級師範學堂成立附設高等小學堂以孔繁墉爲監督初在校士分館開辦旋移於考院街試院内州人孫百福趙一琴李伯驥先後主持教務

冬十月建杜公秉寅生祠於汶河北岸

三十三年丁未春二月知州李維誠至

三十四年戊申夏五月大雨雹　大風拔木

冬十月城區巡警所成立添設巡警（以劉逢森爲巡官所址在考棚東院）

宣統元年己酉春正月山東省諮議局成立（州人李蔭棠當選爲議員）

二月選送自治人員到省訓練籌備地方憲政（州人洪國士等送省入所講習一年畢業回縣籌辦地方自治講習所）

冬十一月遵令籌設州議事會

二年庚戌春正月開地方教育會（遵照議決案籌備改革事宜）

二月知州金猷大至

三月州議事會成立洪國士潘景賢爲正副議長遇有地方要公仍以紳耆冀瀾爲領袖田希孟單治平等贊襄一切會址在南司口書院

夏四月州人張樹德姜琳等設秘密書報社宣傳革命運動二人先均加入同盟會於邑中革新事宜領導業振刷一切

秋八月遵命籌設勸學所先是地方教育由邑紳冀瀾主持至是以于占元爲所長地址在考院街路北

冬十月州學訓導孔繁筵考試佾生籌辦教育經費每名佾生捐資五十元共捐金三千餘元增設蒙養學堂十餘處並拆湊棚建小學宿舍數十間

三年辛亥春正月遵辦本年歲出歲入預算度支不得溢額

夏閏六月知州繆潤黻至

秋八月二十日武昌起義舉黎元洪爲都督州境黨人開會慶祝

九月二十二日山東獨立州議會致電響應

冬十月雷電以雨是月初四日山東取消獨立防制黨人頗嚴州人婁琳李康祖等仍促進革新

十二月二十五日淸帝遜位中華民國統一政府成立改用陽曆

民國元年二月知州阮忠模至此後紀事但書年月不書春秋甲子

四月中學師範兩堂學生一律剪髮並提倡女子放足　議事會改組以鄭博學爲正議長田希孟爲副議長

七月教育會開成立大會會址在鰲頭磯甘棠祠以陸玉麟沙明遠爲正副會長　單級教授養成分所成立所址在文昌宮後移於考院東院以于占元爲所長

十一月頒行地方官制知府知州及一切佐貳官皆廢　遵

令組織政黨（自同盟會改組國民黨後學界團體多半加入與共和統一各黨對峙）

十二月舉行第一屆國會議員及省議會議員總選舉（以縣署爲初選區東臨道署爲複選區邑人張樹德當選爲省議員）

二年一月奉令州改爲縣縣官稱爲知事

二月單級教授養成分所學員畢業 令改勸學所爲視學所

八月前州立中學堂遵令取消准改爲省立第七中學堂（以陸愷爲校長）

三年二月山東勸業道派員蒞臨視察棉業

四月取消學堂名稱一律改稱學校

五月中學師範兩校均合併於聊城（時省立第二中學第三師範學校俱設於聊城本縣中師兩校均取消）

六月縣立模範兩等小學校成立以龔鴻勳爲校長校址即前省立第七中學

八月聊城駐防後路統領李德厚蒞境視察防務先是民國九二兩年土匪肆擾經統領方致祥以次勦平本年八月桿匪復犯林又擾魯西各縣李德厚歷次派員蒞臨視察並派第三營帮帶田忠信力倡團練購備鎗支民團精神爲之一振是爲本縣民團之始

十月籌設縣立女子小學校本邑女學初由耶穌教堂創設於洲廠街繼由王金方籌辦於紙馬巷又經王澄濟呈請立案招生開課邑有官立女校自此始旋即停辦

四年三月舍利塔火城北舍利塔係明萬曆間建是月某日微陰雨塔之第七層通天柱焚城內水會聞警救之熄翌日又焚三四日連焚知事阮公禳之而熄蓋塔歷久失修木料有電火自內生熄亦偶然非禳之效也

春旱多暴風

小學教員講習所成立所址在孝棚東院以鐵啟元爲所長

是月二十八日結集救國儲金團時值城隍廟會邑人丁紹九等乘機演說鄉民大爲感動一日得救國儲金四千餘元發商貯蓄

六月查驗日貨團成立本年五月七日日本以二十一條激成全國公憤

八月復設電報局清光緒初年邑中曾設電報分局二十六年電桿爲拳匪所毀局停辦今復設

五年一月一日袁世凱登極改元洪憲縣署復現帝國徽式

三月乙種蠶業學校成立校址在紗關街今第一高等小學北院以濮合振綱爲校長

復改視學所爲勸學所

五月帝制取消黎副總統繼任爲總統

八月知事郝繼貞至

十月山東省立第一棉業試驗場成立場址在縣東門外教場

六年二月知事王瑞菖至

四月張勳康有爲入京復辟詔豁免雜稅邑奉敕懸旗旋即取消

六月清眞小學校改爲模範兩等小學校（校址在西南關老禮拜寺潘似江爲校長）

衛河决張家窰

七年一月棉業講習所成立（所址在棉業試驗場西）

四月省立第十一中學校成立（以范步濂爲校長校址在考棚街即縣立高等小學校址高等小學移於南司口書院）

五月舉行第二屆國會選舉（邑人沙明遠當選爲衆議院議員）

七月城西南關東夾道火延燒舖房十三家

八月武訓學校改爲私立高等小學校（以王丕顯爲校長）

十一月知事楊鳳玉至

十二月中央發行短期公債及六釐公債（由商民分攤數量）

八年二月知事楊鳳玉剿桿匪張三於水坡村（該匪嘯聚於河北威縣一帶縣長派警備隊長陳象

（嵌前往會同陸軍合圍焚燬賊巢死傷無算餘均遠颺）

三月城鄉自衛民團成立（鋼鎗三千枝團丁二千八百名計分四團每團設分局十四處一律開始教練為本縣警備隊之濫觴）

七月山東督軍張樹元蒞境檢閱軍備（獎勵團練出力人員）

十月籌設清鄉局（地址在丁字街城西第一區團長劉紹棠痛擊匪巢中彈身隕）

九年一月四日黑風晝蒙

三月武訓學校添募基金（由車霞沙明遠等繼續分募共得基金三萬餘元）

四月奉令成立勸業所（以濟台振湘為所長）

五月大總統頒給武訓學校匾額

七月旱大饑

八月縣立高等小學校遷於候家寨（以張迺濟為校長十一年又遷於城西趙莊）

九月華洋義賑會派員蒞境勘災放賑派委員麥仲華由沙明遠導引查勘東臨十四縣災況縣境分得賑欵二十餘萬元

十月旱災籌賑會成立推孫毓璣車指南馬緒曾爲會長由黑守知王丕顯等分赴京濟呼籲崔長楷孟毓琦等晝夜籌辦分配施賑

十一月創修德臨臨館汽車路以工代賑

十年二月籌設因利局周卹災民以崔長楷沈鑾遠爲正副經理

五月舉行第三屆國會及省議會選舉邑人張紹和施登魁當選爲省議會議員

七月師範講習所成立以李汝濤爲所長所址在南司口書院

十一年一月武訓學校添建校舍落成

三月縣立模範兩等小學校改稱縣立第一高等小學校附設高級女子部

四月自治講習所成立以張思斌爲所長旋停辦

九月縣立高等小學移於城西趙莊改稱縣立第二高等小學校由段長賈儘明捐地六畝磚萬方建築該校以鈕道盛爲校長　杜公祠道院成立車靈發起

十二年二月邑人籌設中日絕交會

五月知事李耀庭至李聽斷才長案無留牘雖在任不久頗有賢能聲

七月知事王德懋至

八月令勸學所改稱教育局　電請省署派隊剿匪是年桿匪許十一張二火餘等到處搶架勒贖駐軍劉旅長不能制後電請省署派第七旅旅長胡翊儒率全部來援又請駐鄉第四旅團長王克润率隊協剿乃殲匪於城西胡莊　是年供應軍隊糧秣及一切雜項共支洋二萬八千餘元據採辦糧秣專員報告

十三年一月知事劉聞堯至

二月縣立第三高等小學成立於城南荊林以顧景嶽為校長

六月武訓學校由財政廳歲助經費五百元

七月改勸業所為實業局以商禎祥為局長　縣立第一女子小學校成立以崔雅祺為校長是校先附設於縣立第一高等小學至是獨立校址在紙馬巷十九年又遷南司口書院

十一月雨雹

十四年魯督張宗昌發行公債五十萬元又加派營房費四萬元

七月福臨電燈公司成立由烟台臨濟商家合股集資二萬八千元開辦地址在南灣子以南

九月魯督張宗昌因編預備隊徵去警備隊槍二百九十七枝

馬二十四　奉軍過境大擾

十二月特設軍事招待處由地方公推數人支應軍隊自十四年十二月訖十六年四月共由該處支出洋四萬七千九百餘元

十五年一月籌設世界紅卍字會臨清分會　魯督張宗昌又

派討赤特捐二十萬元

六月知事李傳煦至

七月大風拔木發屋是日爲夏曆六月初五日先是大風從西北來霖雨交加數日不止禾偃木拔室廬多毀是日午後七點地震十分鐘合屋漏搖及雷鳴始已

停辦師範講習所改設幼稚園本縣有幼稚教育自此始

八月國民黨直屬第一區分部成立　歲大熟本年春間城西各區試種美國棉種成績頗佳於是比戶多置軋棉機器並有鑿井計劃

十六年六月直魯聯軍軍長褚玉璞以防堵大名紅槍會過境開

慰勞會犒軍

七月奉軍第十一師師長劉偉蒞境駐防大擾

八月籌開全縣代表大會（乘機改設縣黨部組織區分部九處區黨部三處）

九月知事張炳元至

十月縣立第四高等小學校成立於城西呂寨（以崔登雲爲校長）

十七年二月國民革命軍擊却直魯聯軍於大名縣境戒嚴

縣立第五高等小學校成立於城西下堡寺（先是民國十三年八月成立通館台校於尖塚鎭以趙淸安爲校長至是遷于城西下堡寺定爲今名以張寶山爲校長）

四月直魯聯軍各路軍師長褚玉璞寇英傑卞英傑徐源泉等集於境旋即北遁

五月縣立第六高等小學校成立（由縣立乙種蠶桑學校改組校址遷於文廟街學署內以馮裕德爲校長）

國民第二集團軍十三軍軍長張維璽兵入境大破敵軍於西

河灣（奪獲軍械輜重無算境內安堵無擾）第二集團軍第八路總指揮劉鎭華率萬選才劉茂恩各軍蒞境籌軍事借欵二十餘萬元商民大震（萬選才收去警備隊槍九十枝迫擊炮一門馬二十四）劉總指揮逕委各縣縣長及稅務員並委丁家光暫代縣長（前任張炳元隨直魯軍潛逃時縣署檔案圖籍堆積於縣署後樓以無人保管多被焚棄）籌設地方治安維持會（以委員二十一人輪推主席一人負責亦唯諾應付而已）六月第一集團軍第五路總指揮朱培德率熊式輝等軍蒞境（餉有餘而支應不累）奉令成立縣法院（本縣司法獨立自此始）第二集團軍兵站總監金變三蒞境徵集糧秣由商會設支應處供給之（時以運銷毒品爲餉源對於軍事借款爲數無多而財力已竭）戰地委員會委游壽愚爲縣長 第二集團軍第二路總指揮孫良誠率第十七軍軍長馬鴻逵蒞境（孫部

駐華美醫院月餘東去留馬軍長駐境捕治盜匪暫借十一中學爲軍部孫總指揮委賈路雲暫代縣長

旋以葛醒齋代之葛係省政府委任縣政府奉令取消班房舊制改

爲政務警察本縣有政務警始此

八月建築張家窰尖塚二處磚壩改實業局爲建設局

九月縣黨務指導委員會成立

十月馬軍長捐洋二千元創設育才兩等學校又捐洋一千元

補助武訓學校育才小學校址在老禮拜寺即以前之清眞小學校二十年八月遷於油漿巷

十一月馬軍長率軍剿河北山東交界桿匪全股蕩平擒獲匪首小羅成計

誘餘匪降之乘機戮於市縣長何紀常至

十二月縣黨務指導委員會宣告結束自是年五月後大軍涖境黨政亟行籌加附捐攤派借欵毀淫祠遂

(尼借禁纏足破迷信分設各種協會勸行新政民氣張矣惜戶口凋敝市面蕭條無具體方法救濟亦地方之憂也)

是年褚玉璞軍過境供給及辦公費支洋二萬三千四百餘元除還實支洋一萬二千四百餘元縣長劉鍾華孫良誠等先後至供給辦公費計洋十七萬三百餘元(後呈財政廳批准借還十二萬五千三百元)十七師軍長馬鴻逵至供給及辦公費三萬二千三百餘元供給之繁爲向所未有

十八年一月縣黨部執行委員會成立(前後黨會組織詳黨務志內)

二月馬匪長率全窟東上境防空虛桿匪王金發大股由聊城堂邑北竄全境大震

三月魯西各縣縣城相繼失守境內民團晝夜防禦匪不敢犯市面稍安(是時齊河被匪攻陷官軍悉調集泰安附近以致魯西兵備空虛匪乘機糾合百餘名即佔據城鎮聊城夏津堂邑受害尤劇境內民團聞警悉心戒備並禁

馬部殘軍二百餘人裝東整齊聲威從壯境得安全

四月邑紳沈鳴九修本立冀潤泉等以辦理支應監禁歷張樹梅沙明遠等赴省營救電請釋放　魯西人民自衛團第四區區長葛鳳章蒞境籌辦團練先是民國二年由田忠信倡練民團深資得力至是重加振刷

五月匪首王金發竄擾城南窪裡荊林各村架去學生及民戶二百餘名損失財物四萬餘元縣城戒嚴

六月縣長王雲龍至

八月縣黨務整理委員會成立

九月縣黨部委員計斃土豪張貫一張積惡多端縣府有案某日晨黨委馬蓬萊孟達三等率警捕得之押於大隊部翌晚紿張解縣府收禁預設伏於隘俟張至托為刦案者鳴槍示威遂斃張於途邑人稱快　匪首王金發率匪十餘桿

繞衛河西而北潛圖渡河縣境大震時飛電旅省邑紳請兵援救經省派團長梅鳳春到境與民團會勦旋以民團計誘得悉匪情合力痛勦匪首各黨逃餘匪兩竄

十月城區籌加六等戶房捐並定女子纏足分等罰金

十一月縣黨部截擊紅槍會於衛河西滸執會徒李宏印柏老五等槍殺之

十九年四月假第四方面軍師長薛傳峯入境全境大擾薛入境後即由石友三部下軍長沈克電告薛係假冒於是縣長集合民團警隊合力擊之薛潛逃黨員牛寶元孟達三馬蓬萊等與縣長積不相能縣長乘機捕牛等送赴省城管押數月値晉軍入城牛等始脫於難縣長亦他去

教育建設各局以黨政事變檔案悉毀亂後乃委張樹梅爲教育局長崔縣敎爲建設局長

五月縣長張鳳翼至

六月城南馬趙莊白塔窰互爭河灘地經邑人調停以半價捐入武訓學校　籌設紡紗工廠未成（議案存建設局）

七月省府石友三徵去警備隊槍四十枝　縣長張文煒至

縣立第七高等小學校成立（校址在城北桑園以王森為校長）

八月國民聯軍第三集團軍之殘部以濟南失利返晉過境旋即西遁

九月縣長鄧樹楨至（前任張抗不交代幾釀事變經邑人調解內閧始息）

十月縣長馬銳至（蒞任後奉令赴省人訓練所以袁勵杰暫代職務）

十一月縣黨務整理委員會設保管委員

十二月臨清常關監督遵令裁撤（常關及統捐局一律停辦）

二十年一月籌設村政訓練所所長由縣長兼任以劉維忱爲副所長

二月縣長馬銳回任

三月國術分館成立以諸祖安爲副館長地址在大寺行宮廟

四月魯北民團軍總指揮趙仁泉蒞境駐防邑屬魯西範圍因縣城爲戰守要衛趙君權量輕重移駐境內附近桿匪繼續剿除夏津恩縣等處交通無阻

五月兩雹麥歉收時當芒種節前麥已大熟忽降雹災歉收大半

建設廳長途電話局及建設局附設電話事務所成立本縣有電話自此始

魯北民團軍委大隊長陳子權駐清平松林鎮先是松林附近土匪出沒屢次截封攔阻交通至是臨夏清三縣聯防築圩修路匪氛以戢

六月匪首梁景妮竄擾堂邑西兒莊魯北民團軍手槍隊長閻及團兵邢因兜剿奮進陣亡全境紳民開會追悼

重修縣志局成立臨清志書

年久未修至是由邑紳張自清等提議重修地址暫借丁字街東宅後移於杜公祠西院

九月臨夏館清邱冠六縣聯立鄉村師範學校成立 十九年六月省立第二職業學校奉令停辦就該校舊址成立教廳委孫寶賢爲校長

十一月建設局議築馬路 前年縣黨部築考棚街馬路商民便之至是復續興築東起考棚街西至大寺西街南起會通街北至大橋街匝月告成邑有馬路自此始

二十一年三月奉省令劃臨清歸魯北防區 本縣前屬魯西茲爲臨清毗控制便利起見特由省令劃臨魯北

六月城西南關竹竿巷火 是月五日晨火起下午日晡始息延燒二十餘家商民損失財產無算事後由各慈善團體力籌急賑

劉匪桂棠過境闔邑戒嚴 劉衆約數千自高唐清平竄邑之東南鄉沿途劫掠時境內兵備單虛人心恇怯幸經聯莊會副會長張自嚴調集團丁率隊抵禦匪知有備始由堂邑等縣竄赴河南邑境賴以安堵

八月縣立第八高等小學校成立校址在城西南朱莊以朱輔宸爲校長

十月縣長徐子尙至

十一月開新西南門由磚城西南隅開門名曰博源門其間所闢新路城內抵縣政府前城外抵江壩名曰新開街交通稱便　闕

公共體育場在東河底

十二月縣法院改爲濟南地方法院臨淸分庭

二十二年一月奉省令改財政建設教育三局爲第三第四第五等科直隸縣署

六月新築永豐永備二倉成倉址在縣署內積穀九千餘石建倉購穀均用軍事還款

七月修築鐵窗戶花段及大營磚壩

九月縣長奉令查無糧黑地令各花戶自行呈報由縣長親看地畝肥瘠分上中下三等徵價上地每畝六元中地四元下地二

元三年後升科初令城內宅地均按上等繳價後又奉省令退回四鄉黑地多按下地繳價已呈報者均未退回

二十三年一月奉省令成立進德分會會址在公共體育場北由趙指揮徐縣長提倡建築大廳五間辦公室十餘間大廳左右武訓與趙指揮紀念亭各一

劉匪桂堂過境第九區民團迎擊失利劉匪衆約數千人自熱河回竄後所過焚掠由南宮清河直撲縣境至姚樓與第九區民團遇民團竭力抵禦卒因衆寡不敵傷亡團丁十九名損失槍械二十餘枝匪遂西竄嗣經魯北民團指揮部督率鄰境軍團追剿匪始竄往河北曲周威縣一帶是役本縣損失頗鉅

六月浚運河省府建設廳擬定辦法並派員會同本縣第四科督率邑民分段挑挖月餘工竣

七月奉令規定以國歷八月二十七日爲孔子誕日是日中央派專員赴曲阜孔廟致祭並令各地方保護孔廟以示尊孔

十月二十日奉省令取消民團大隊部

十一月一日奉省令將各區一律裁撤

又奉省令自本月十日起分期訓練聯莊會員以三個月為一期第一期受訓期滿續辦第二三期總期二十歲以上三十歲以下壯丁皆受軍事教育以增厚地方自衛實力

成立臨清縣新生活運動促進會本年五月奉省令成立新生活運動促進分會其運動初步綱領為整齊清潔簡單樸素以衣食住行範圍於禮義廉恥之中本月二十三日復依省令改組將分會名目取消成立是會以符通則

又奉令將聯莊總會及各區分會一律裁撤

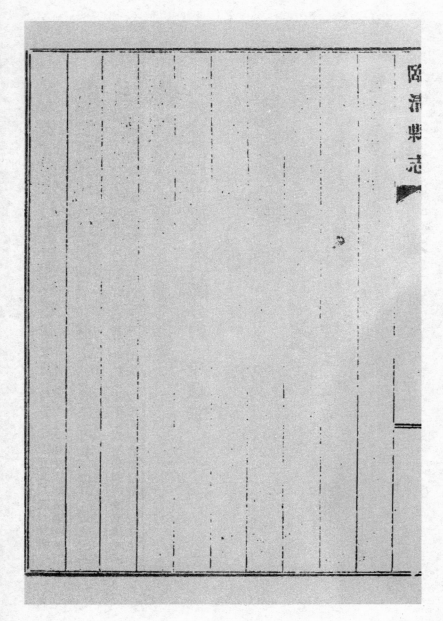